石油天然气工业常用术语中俄文释义手册

Пособие по толкованию терминов в нефтегазовой
промышленности на китайско-русском языке

主编 黄永章
Директор: Хуан Юнчжан

油田提高采收率方法
术语释义手册

Терминология в области повышения
коэффициента извлечения нефти

何旭鸬　　任立新　　庞占喜　　赵亮东
Хэ Сюйцзяо　Жэнь Лисинь　Пан Чжаньси　Чжао Ляндун

◎ 等编著
и другие составители

亚历山大·米特莱金
Александр Митрейкин

U0365011

石油工业出版社
Издательство «Нефтепром»

图书在版编目（CIP）数据

油田提高采收率方法术语释义手册 / 何旭鶄等编著 .
—北京：石油工业出版社，2024.1
（石油天然气工业常用术语中俄文释义手册）
ISBN978-7-5183-6452-7

Ⅰ.①油… Ⅱ.①何… ②庞… ③赵… Ⅲ.①石油开
采 – 提高采收率 – 名词术语 – 手册 – 汉、俄 Ⅳ.
① TE357-61

中国国家版本馆 CIP 数据核字（2023）第 231082 号

出版发行：石油工业出版社
　　　　　（北京安定门外安华里 2 区 1 号　　100011）
　　　　　网　　址：www.petropub.com
　　　　　编辑部：（010）64523541　　图书营销中心：（010）64523633
经　　销：全国新华书店
印　　刷：北京中石油彩色印刷有限责任公司

2024 年 1 月第 1 版　　2024 年 1 月第 1 次印刷
787×1092 毫米　　开本：1/16　　印张：11.5
字数：260 千字

定价：80.00 元
（如出现印装质量问题，我社图书营销中心负责调换）

版权所有，翻印必究

《石油天然气工业常用术语中俄文释义手册》
编 委 会
Редакционный комитет

主　　编：黄永章
(Директор)

副 主 编：江同文　杜吉洲　李　强　窦立荣　亚历山大·米特莱金
(Заместители
директора)　康斯坦丁·托罗波夫　丹尼尔·杜别科　亚历山大·叶尔菲莫夫

委　　员：李　群　吕伟峰　戚东涛　夏永江　尹月辉　赵亮东　何旭鸡
(Члены
комитета)　丁　飞　徐　婷　李瑞峰　卞亚南　吕昕倩　韩睿婧

尼基塔·莫罗佐夫斯基　康斯坦丁·塔基洛夫

亚历山大·科比雅舍夫　尤里·泽姆措夫　弗拉基米尔·马扎耶夫

奥克萨娜·普里霍德科　马克西姆·卡詹采夫　杰尼斯·库拉金

伊戈尔·马雷舍夫　康斯坦丁·马尔琴科　杰尼斯·希林

阿廖娜·费奥克吉斯托娃

专 家 组
Группа экспертов

组　　长：熊春明　丁云宏　秦长毅　张福琴
(Начальники
группы)

成　　员：田昌炳　王　欣　崔明月　闫建文　任立新　卢拥军　赫安乐
(Члены)　韩新利　吉玲康　鞠雅娜　才　博　杨立峰　刘鹏程　章卫兵

亚历山大·库利克　鲍里斯·乌斯本斯基　巴维尔·尼古里申

阿列克谢·贝克马切夫　维塔利·沃特切里　亚历山大·多布连科夫

马克西姆·伊万诺夫　纳塔利娅·基连科　康斯坦丁·科尼谢夫

亚历山大·布洛斯科夫　尼古拉·拉维洛夫

亚历山大·萨莫伊洛夫　维亚切斯拉夫·斯科柯夫

弗拉基米尔·特罗伊兹基　塔季扬娜·图克马科娃

《油田提高采收率方法术语释义手册》
编 写 组
Группа составителей

组　　长: (Начальники группы)

何旭鵊	任立新	庞占喜	赵亮东
Хэ Сюйцзяо	Жэнь Лисинь	Пан Чжаньси	Чжао Ляндун
亚历山大·米特莱金			
Александр Митрейкин			

成　　员: (Члены)

刘卫东	丁　彬	丁海峰	王正波
Лю Вэйдун	Дин Бинь	Дин Хайфэн	Ван Чжэнбо
张　松	舒　勇	王锦芳	关文龙
Чжан Сун	Шу Юн	Ван Цзиньфан	Гуань Вэньлун
唐君实	郭二鹏	张胜飞	王高峰
Тан Цзюньши	Го Эрпэн	Чжан Шэнфэй	Ван Гаофэн
罗文利	修建龙	闫建文	吕昕倩
Ло Вэньли	Сю Цзяньлун	Янь Цзяньвэнь	Люй Синьцянь
王　泊	刘　东	康斯坦丁·托罗波夫	
Ван Бо	Лю Дун	Константин Торопов	
尼基塔·莫罗佐夫斯基		康斯坦丁·塔基洛夫	
Никита Морозовский		Константин Тагиров	
亚历山大·科比雅舍夫		尤里·泽姆措夫	
Александр Кобяшев		Юрий Земцов	
弗拉基米尔·马扎耶夫		奥克萨娜·普里霍德科	
Владимир Мазаев		Оксана Приходько	

序

FOREWORD

改革开放 40 多年,国际交流与合作对推动我国石油工业的快速发展功不可没。通过大力推进国际科技交流与合作,中国快速缩短了与世界科技发达国家的差距,大幅度提升了中国科技的国际化水平和世界影响力。中国石油工业由内向外,先"海洋"再"陆地",先"引进来"再"走出去"。20 世纪 90 年代以来,"走出去"战略加快实施,中国石油开启了国际化战略,海外油气勘探开发带动了国际业务的跨越式发展,留下了坚实的海外创业足迹。

10 年来,中国石油紧紧围绕政策沟通、设施联通、贸易畅通、资金融通、民心相通目标,坚持共商、共建、共享原则,持续深化"一带一路"能源合作。通过积极举办、参与国际交流合作活动,全力应对气候变化,创新油气开发技术,提升国际化经营管理水平,助力东道国和全球能源稳定供应,推动构建更加公平公正、均衡普惠、开放共享的全球能源治理体系不断探索。

"交得其道,千里同好"。中俄共同实施"一带一路"倡议,成功走出了一条大国战略互信、邻里友好的相处之道,树立了新型国际关系的典范。

展望未来,中俄科技领域的语言互联互通的重要性就更为凸显。为此,中国石油与俄罗斯石油股份公司、俄罗斯天然气工业股份公司共同合作,针对石油天然气工业重点专业领域,由中国石油科技管理部具体组织,中国石油勘探开发研究院携手中国石油工程材料研究院、中国石油石油化工研究院等单位,与俄罗斯石油股份公司、俄罗斯天然气工业股份公司合作,汇集 200 多名行业专家,历时近 3 年,先期围绕油田提高采收率、储层改造、石油管材及炼油催化剂等专业领域,开展常用术语及通用词汇的中英俄文释义研究,编撰并出版石油天然气工业中英俄文释义手册。手册汇聚了众多专家的经验智慧,饱含广大科技工作者的辛勤汗水。丛书共计 4 个分册,2000 多个条目。

　　我坚信,手册的出版将成为中国与中亚－俄罗斯地区科技文化交流的桥梁,油气能源科技交流合作的纽带,推动标准化领域实现"互联互通"的基石,从而推动油气能源合作走深、走实、走远!

2023 年 11 月

Введение

FOREWORD

|||||||||||||||||||||||||||||||||||||||||||||||||| FOREWORD ||||||||||||||||||||||||||||||||||||||||||||||||||||||||||||||||||||||||

За более чем 40 лет с момента проведения политики реформ и открытости международные обмены и сотрудничество внесли значительный вклад в стремительное развитие нефтегазовой промышленности Китая. Благодаря активному развитию международного научно-технического обмена и сотрудничества Китай быстро сократил отставание от технически развитых стран, а также существенно повысил международный уровень и влияние китайской науки и техники в мире. Нефтегазовая промышленность Китая осуществила разворот от ориентации на внутренний рынок к ориентации на внешний рынок, от освоения морских месторождений к освоению месторождений на суше, от стратегии «привлечения зарубежного» к стратегии «выхода за границу». С ускорением реализации стратегии «выхода за границу» в 90-х годах XX века Китайская национальная нефтегазовая корпорация (КННК) приступила к осуществлению стратегии интернационализации. Разведка и разработка нефтяных и газовых месторождений за рубежом способствовали скачкообразному развитию международной деятельности корпорации и оставили заметный след в ее предпринимательской деятельности за рубежом.

За последние десять лет, уделяя внимание укреплению взаимосвязей в области политики, инфраструктуры, торговли, финансов и между людьми, руководствуясь принципами совместных консультаций, совместного строительства и совместного использования, КННК продолжала углублять сотрудничество в области энергетики в рамках «Одного пояса, одного пути». Активно организуя и участвуя в мероприятиях по обмену и сотрудничеству, КННК прилагает неустанные усилия, чтобы противостоять изменениям климата, внедрять инновационные технологии в разработку нефтегазовых ресурсов, повышать уровень международной деятельности и управления, оказывать помощь принимающим странам и стабильному обеспечению мировой энергетики, а также продвигать исследования в области формирования более справедливой и равноправной, сбалансированной и инклюзивной, открытой и совместной системы глобального энергетического управления.

«Партнерство, выкованное правильным подходом, бросает вызов географическому расстоянию». Совместно реализуя инициативу «Один пояс, один путь», Китай и Россия успешно прошли путь взаимного стратегического доверия, добрососедства и дружбы между крупными державами и установили образец международных отношений нового типа.

В перспективе важность взаимосвязи между Китаем и Россией в области научно-технической терминологии очевидна. В этой связи КННК, ПАО «НК «Роснефть» и ПАО «Газпром» совместно изучили глоссарий часто употребляемых терминов в нефтегазовой отрасли, в итоге создали «Пособие по толкованию терминов в нефтегазовой промышленности на китайско-русском языке», что является очень важной работой. Научно-исследовательский институт разведки и разработки при Китайской национальной нефтегазовой корпорации с Научно-исследовательским институтом инженерных материалов КННК и Научно-исследовательским институтом нефтехимической промышленности собрали более 200 отраслевых экспертов, которые в течение двух с лишним лет были сосредоточены на изучении методов повышения коэффициента извлечения нефти, повышении качества нефтепроводных труб и катализаторов нефтепереработки, а также издали единое и стандартизированное

«Пособие по толкованию терминов в нефтегазовой промышленности на китайско–русском языке». Издание данного пособия является результатом кропотливой работы авторов и объединяет опыт и знания множества специалистов. Весь труд состоит из четырех томов, в которых содержится более 2000 статей.

Уверен, что данное пособие послужит мостом для культурного обмена между Китаем и регионами Центральной Азии и России и станет связующим звеном для стыковки технологий всех сторон, участвующих в нефтегазовом сотрудничестве, а также краеугольным камнем для продвижения взаимосвязи в области стандартизации. Это толчок тому, чтобы нефтегазовое сотрудничество стало еще глубже, содержательнее и долгосрочнее!

Хуан Юнчжан

Ноябрь 2023 г.

前　言
PREFACE

　　俄罗斯既是中国的周边大国,也是国际社会中的重要一极。近年来,中俄两国在经济领域的合作日益密切。中国石油与俄罗斯天然气工业股份公司签署了《科技合作协议》,并开展了卓有成效的科技交流与相互合作,取得了积极进展与丰硕成果。中国石油在油气勘探开发、提高采收率技术、油藏增产增注技术等方面具有良好的优势。在中俄标准互认的背景下,针对石油工业重点领域开展常用术语及通用词汇的中俄文释义工作,进一步推动了中俄双方实质性合作研发项目的进展。

　　《油田提高采收率方法术语释义手册》是《石油天然气工业常用术语中俄文释义手册》丛书中的一册,主要涵盖了稠油油藏提高采收率、化学驱提高采收率、气驱提高采收率、微生物提高采收率四大部分,适用于中俄两国油气田开发工程与石油提高采收率技术的科研工作者与技术人员学习与参考。本书的出版对于加强中俄两国石油提高采收率技术方面的交流与合作意义重大。

　　本书共分为四大部分,第一部分针对稠油油藏提高采收率相关术语进行总结,包括通用词汇、蒸汽吞吐、蒸汽驱、蒸汽辅助重力泄油、火烧油层、其他稠油开采方式、装备与工具等内容;第二部分针对化学驱提高采收率相关术语进行总结,包括通用词汇、聚合物驱、表面活性剂驱、化学复合驱、深部液流转向与调驱、装备与工具等内容;第三部分针对气驱提高采收率相关术语进行总结,主要涉及通用词汇,CO_2驱,烃类气驱,空气驱、N_2驱、烟道气驱,泡沫驱,装备与工具等内容;第四部分针对微生物驱提高采收率相关术语进行总结,包括通用词汇和微生物驱术语两个方面。本书以"中文术语名称(英文术语名称):中文释义"及相应"俄文术语名称:俄文释义"的模式对石油提高采收率技术方面的常用术语与通用词汇进行了中俄双语的精准释义,方便中俄双方相关技术人员查询,便于中俄双方人员交流,促进中俄两国在石油提高采收率技术方面标准的统一。

在本书的编写过程中,得到了熊春明教授的大力支持与帮助。在此谨向所有关心和支持本书编撰的领导、专家、同行致以衷心的感谢!

由于编者水平有限,不妥之处在所难免,恳请读者批评指正。

Предисловие

PREFACE

‖‖‖‖‖‖‖‖‖‖‖‖‖‖‖‖‖‖‖‖‖‖‖‖‖‖‖‖‖‖‖‖‖‖‖ PREFACE ‖‖‖‖‖‖‖‖‖‖‖‖‖‖‖‖‖‖‖‖‖‖‖‖‖‖‖‖‖‖‖‖‖‖‖

Россия является крупнейшим соседом Китая и важным полюсом в международном сообществе. В последние годы Китай и Россия все более тесно взаимодействуют в области экономики. ПАО «Газпром» и Китайская национальная нефтегазовая корпорация (КННК) подписали "Соглашение о научно-техническом сотрудничестве", в рамках которого были проведены высокоэффективные научно-технические обмены. Взаимное сотрудничество способствует достижению позитивных сдвигов и крупных успехов. КННК обладает значительными преимуществами в области разведки и разработки месторождений нефти и газа, доминирует в технологиях повышения коэффициента извлечения нефти и технологиях закачки в пласты. В контексте взаимного признания китайских и российских стандартов были проделаны работы по толкованиям частоупотребительных терминов и лексики на китайском и русском языках для ключевых областей нефтяной промышленности, для продвижения существенных совместных российско-китайских научно-исследовательских и опытно-конструкторских проектов.

"Терминология в области повышения коэффициента извлечения нефти" на китайском и русском языках является одной из составляющих "Пособия по толкованию терминов в нефтегазовой промышленности на китайско-русском языке". В настоящей Терминологии содержатся четыре части: повышение нефтеотдачи залежей вязкой нефти, повышение нефтеотдачи химическим заводнением, повышение нефтеотдачи нагнетанием газа в пласт и повышение нефтеотдачи методом микробного заводнения. Данное издание предназначено для китайских и российских научно-исследовательских и технических сотрудников по разработке месторождений нефти и газа и по технологиям повышения коэффициента извлечения нефти. Издание имеет большое значение для укрепления российско-китайских обменов и сотрудничества в области технологии повышения коэффициента извлечения нефти.

В первой части издания приведены термины, связанные с увеличением нефтеотдачи для залежей вязкой нефти, включая общепринятую лексику, даны рекомендации по пароциклической обработке скважин, паровому заводнению, парогравитационному дренажу, внутрипластовому горению, другим методам добычи вязкой нефти, по применению оборудования и инструментов. Во второй части приведены термины, связанные с повышением нефтеотдачи химическим заводнением, включая общепринятую лексику, а также даны рекомендации по полимерному заводнению, заводнению водными растворами поверхностно-активных веществ, комбинированному химическому заводнению, глубинному отводу жидкости и выравниванию профиля притока, по применению оборудования и инструментов. В третьей части приведены термины, связанные с повышением нефтеотдачи нагнетанием газа в пласт, включая общепринятую лексику, даны рекомендации по заводнению углекислым газом, углеводородному заводнению, нагнетанию воздуха, азота, пены и дымовых газов в пласт, по использованию оборудования и инструментов. В четвертой части приведены термины, связанные с повышением нефтеотдачи методом микробного заводнения, включая общепринятую лексику. Содержание Терминологии располагается в следующей последовательности: "название термина на китайском языке (название термина на английском языке): толкование термина на китайском языке" и соответствующее "название термина на русском языке: толкование термина на русском языке". В настоящей

Терминологии предлагаются точные толкования частоупотребительных терминов и общепринятой лексики в технологии повышения коэффициента извлечения нефти как на китайском, так и на русском языке, чтобы облегчить запросы и обмены между китайскими и российскими сотрудниками, и содействовать формированию унифицированного стандарта России и Китая в области технологии повышения коэффициента извлечения нефти. Выражаем особую благодарность старшему инженеру, профессору Сюн Чуньмину, оказавшему большую поддержку и помощь в составлении настоящего издания. Выражаем сердечную благодарность всем руководителям, экспертам и коллегам, принявшим активное участие в составлении настоящей Терминологии !

Будем благодарны Вашим отзывам о нашей книге!

目　录

СОДЕРЖАНИЕ

第一章 稠油油藏提高采收率

Часть I. Повышение коэффициента извлечения вязкой нефти

稠油油藏提高采收率通用词汇

Общепринятые термины по повышению коэффициента извлечения вязкой нефти

稠油热采提高石油采收率(thermal recovery) 将热量或氧化剂有计划地注入稠油油藏,加热油层,降低原油黏度,以加强流动性,进行原油开采、开发和提高采收率的技术。

Тепловой метод повышения коэффициента извлечения вязкой нефти. Технология, при которой выполняется нагнетание тепла или окислителя с целью нагрева пласта, содержащего вязкую нефть, повышения её текучести и, как следствие, повышения нефтеотдачи.

稠油(heavy oil) 脱气原油黏度大于 100mPa·s (20℃),或油层条件下黏度大于 50mPa·s,密度大于 $0.92g/cm^3$ 的原油。

Вязкая нефть. Сырая нефть, вязкость которой при дегазации составляет свыше 100 мПа·с (при температуре 20 ℃), или сырая нефть, вязкость которой составляет свыше 50 мПа·с и плотностью свыше 0,92 г/см^3 в пластовых условиях.

普通稠油(conventional heavy oil) 黏度低限值取脱气油黏度为 100mPa·s,或者油层条件下黏度值为 50mPa·s,高限值取脱气油黏度为 10000mPa·s,密度大于 $0.92g/cm^3$ 的稠油。

Стандартная вязкая нефть. Вязкая нефть с низким предельным значением вязкости, равняющимся вязкости дегазированной нефти–100мПа·с, или с значением вязкости в пластовом условии–50мПа·с, с верхним предельным значением, равняющимся вязкости дегазированной нефти–10000 мПа·с, и плотностью выше 0,92 г/см³.

特稠油(super-heavy oil) 黏度低限值取脱气油黏度为 10000mPa·s,高限值取脱气油黏度为 50000mPa·s,密度大于 $0.95g/cm^3$ 的稠油。

Высоковязкая нефть. Вязкая нефть с нижним предельным значением вязкости, равняющимся вязкости дегазированной нефти–10000 мПа·с, и верхним предельным значением, равняющимся вязкости дегазированной нефти–50000 мПа·с, и плотностью выше 0,95 г/см³.

超稠油(extra-heavy oil) 黏度在 50000mPa·s 以上,密度在 $0.98g/cm^3$ 以上的稠油。

Сверхвязкая нефть. Вязкая нефть с вязкостью выше 50000 мПа·с и плотностью выше 0,98 г/см³.

中国稠油的分类标准表
Таблица стандартов классификации вязкой нефти в Китае

稠油分类 Классификация вязкой нефти			主要指标 Основные показатели	辅助指标 Вспомогательные показатели
名称 Название	类别 Категория		黏度,mPa·s Вязкость (мПа·с)	20℃相对密度 Относительная плотность при 20℃
普通稠油 Стандартная вязкая нефть	Ⅰ		50*(或 100)~10000 50*(или 100)~10000	＞0.9200
	亚类 Подкласс	Ⅰ-1	50*~150*	＞0.9200
		Ⅰ-2	150*~10000	＞0.9200
特稠油 Высоковязкая нефть	Ⅱ		10000~50000	＞0.9500
超稠油(天然沥青) Сверхвязкая нефть (природный асфальт)	Ⅲ		＞50000	＞0.9800

注:* 指油层条件下的黏度;其他的指油层温度下的脱气油黏度。

Примечание: * указана вязкость в пластовых условиях, остальные значения относятся к вязкости дегазированной нефти при пластовой температуре.

油砂(oil sands，bitumen)　一种含有天然沥青的砂岩或其他岩石，又称沥青砂。通常是由沥青、砂粒、水、黏土等矿物质组成的混合物。

Нефтеносные пески.　Также известны как битуминозные пески, это песчаники или другие горные породы, содержащие природный битум. Обычно это смесь минералов, таких как асфальт, песок, вода, глина и т. д.

干蒸汽(dry steam)　当水达到沸点后，继续加热，使水完全汽化不再有液相时的蒸汽。

Сухой пар.　Пар при полном испарении воды до отсутствия жидкой фазы, когда вода достигает точки кипения.

饱和蒸汽(wet saturated steam)　也称湿蒸汽，既有液相(水)又有气相的蒸汽。

Насыщенный пар.　Известен как влажный пар, содержащий как жидкую фазу (воду), так и газовую фазу.

蒸汽干度(steam quality)　也称蒸汽质量，湿蒸汽中所含干蒸汽的质量百分含量，用 % 表示。

Сухость пара.　Показатель также известен как масса пара, массовая доля сухого пара, содержащегося во влажном паре. Единица измерения %.

过热蒸汽(superheated steam)　温度高于其饱和温度的蒸汽。过热蒸汽温度与其饱和温度的差值称为过热度，单位为℃。

Перегретый пар.　Пар с температурой выше, чем его температура насыщения. Разность между температурой перегретого пара и температурой его насыщения называется степенью перегрева. Единица измерения ℃ .

注汽井口干度(steam quality at wellhead)　将蒸汽送达到注汽井口位置时，蒸汽所具有的干度，用 % 表示。

Сухость нагнетаемого пара на устье скважины.　Сухость пара при подаче его на устье паронагнетательной скважины. Единица измерения %.

注汽井底干度(steam quality in bottom-hole)　将蒸汽送达到注汽井底(油层部位)位置时，蒸汽所具有的干度，用 % 表示。

Сухость нагнетаемого пара на забое скважины.　Сухость пара при подаче его на забой паронагнетательной скважины (нефтеносный пласт). Единица измерения %.

分层配汽(separate layer steam injection allocation) 为了提高储层的动用程度,根据稠油油藏开发要求,按层段分配蒸汽注入量的工艺。

Технология одновременно-раздельной закачки пара по пластам. Технология распределения объема нагнетаемого пара по пластам с целью повышения нефтеотдачи, в соответствии с требованиями к разработке пласта вязкой нефти.

热力增产措施(thermal stimulation) 靠加热井筒或火烧油层或向地层注热水、热蒸汽等途径提高油井产量的各种措施。主要用于稠油开采。

Интенсификация добычи тепловым методом. Один из методов для увеличения производительности нефтяных скважин за счет нагрева ствола скважины, внутрипластового горения или нагнетания в пласт горячей воды и горячего пара. В основном используется для добычи вязкой нефти.

热 采 井(thermal production well) 用于注蒸汽或其他热采方式进行稠油开采的油井。

Добывающая скважина с применением теплового метода. Нефтедобывающая скважина, нефть из которой добывается с помощью нагнетания пара или другими тепловыми методами.

蒸汽当量(steam equivalent) 将蒸汽量以凝结水量计量所得到的数值,单位为 t。

Эквивалент пара. Значение, полученное путем измерения объема пара в расчете на объем конденсированной воды. Единица измерения т.

注汽速度(steam injection rate) 单位时间向油层注入的蒸汽当量。现场常用的单位为 t/h 或 t/d。

Скорость нагнетания пара. Относится к эквиваленту пара, нагнетаемого в нефтяной пласт за единицу времени. Единицей измерения, часто используемой на промысле, является т/ч или т/сут.

吸汽剖面(steam injection profile) 在一定的注汽压力下,沿井筒各射开层段吸汽量的分布。

Профиль приемистости пара. Распределение приемистости пара по перфорированным интервалам ствола скважины при определенном давлении нагнетания пара.

油汽比（oil-steam ratio）　注蒸汽采油中的产油量与注入蒸汽当量之比，单位为 t/t。

瞬时油汽比（instant oil-steam ratio, IOSR）　在某一小的时间段内的油汽比，单位为 t/t。

累计油汽比（cumulative oil-steam ratio, COSR）　注蒸汽开采过程中，达到某一阶段时，累计采出油量与累计注入蒸汽当量的比值，单位为 t/t。

热前缘（thermal front, heat front）　在一定速率下向油层内注入热量时，受热区的前缘部位。

蒸汽凝结前缘 / 凝结前缘 / 蒸汽前缘（steam condensation front）　蒸汽驱或火烧油层过程中所形成的蒸汽区（带）最前沿的部位。

蒸汽突破（steam breakthrough）　蒸汽凝结前缘到达生产井的现象。

蒸汽抽提（steam extraction）　注入油层的蒸汽从原油中把轻质组分蒸馏带走的过程。

Нефтепаровой фактор.　Отношение объема добычи нефти методом нагнетания пара к эквиваленту нагнетаемого пара. Единица измерения т/т.

Мгновенный нефтепаровой фактор. Подразумевается нефтепаровой фактор за незначительный (короткий) период времени. Единица измерения т/т.

Накопленный нефтепаровой фактор. Отношение совокупного объема добытой нефти к эквиваленту совокупного нагнетаемого пара при достижении определенной стадии в процессе добычи нефти нагнетанием пара. Единица измерения т/т.

Тепловой фронт.　Фронтовая часть нагреваемой зоны во время нагнетания тепла в нефтяной пласт при определенной скорости.

Фронт конденсации пара/фронт конденсации/фронт пара.　Самая передняя часть паровой зоны (границы), образующейся во время парового заводнения или внутрипластового горения.

Прорыв пара.　Явление, когда фронт конденсации пара достигает добывающей скважины.

Экстракция паром.　Процесс, когда нагнетаемый в пласт пар отгоняет легкие компоненты сырой нефти.

油层热利用率(reservoir heating efficiency)
能够被油层利用的热量占注入总热量的
百分数。

Коэффициент полезного действия тепла в нефтяном пласте. Процент объема тепла, который может воздействовать на нефтяной пласт, от общего объема нагнетаемого тепла.

热漏失(heat leak) 注入的热流体在油层中向上覆和下伏岩层的渗流导致的热量损失。

Утечка тепла. Потеря тепла, вызванная фильтрацией нагнетаемого в нефтяной пласт теплового флюида в вышележащие и подстилающие пласты.

油层导热系数(formation thermal conductivity coefficient) 单位时间内,单位油层长度上,两端温差为 1℃时所通过的热量,单位为 W/(m·℃)。是热力采油计算中常用的油层热物性参数,主要影响因素为岩石及其所含流体的性质和饱和度。

Коэффициент теплопроводности нефтяного пласта. Тепловая энергия, проходящая единицу длины нефтяного пласта за единицу времени при разнице температур между двумя концами равной 1℃, единица измерения Вт/(м· ℃). Представляет собой часто применяемый параметр теплофизических свойств нефтяного пласта при расчете добычи нефти тепловым методом. Основными влияющими факторами данного параметра являются свойства и насыщенность горных пород и содержащихся в них флюидов.

岩石热传导系数(heat–conduction coefficient of rock) 单位时间内单位岩石长度上,两端温差为 1℃时所通过的热量,单位为 W/(m·℃)。

Коэффициент теплопроводности горной породы. Тепловая энергия, проходящая единицу длины породы за единицу времени при разнице температур между двумя концами равной 1℃, единица измерения Вт/(м·℃).

岩石比热容(specific heat capacity of rock)
单位质量岩石温度升高 1℃所需要的热量,称为岩石的比热容,单位为 J/(kg·℃)。

Удельная теплоемкость горных пород. Тепловая энергия, необходимая для повышения температуры единичной массы породы на 1℃, единица измерения Дж/(кг·℃).

岩石热膨胀系数（thermal expansion coefficient of rock） 在一定压力下，岩石密度随温度的变化率，单位为℃$^{-1}$。

黏温关系曲线 / 黏温曲线（viscosity-temperature curve） 流体黏度与温度的关系曲线，反映了流体黏度对温度变化的敏感程度，是热力采油中重要的基础资料。

热应力（thermal stress） 井下管柱热胀或冷缩遇阻时产生的应力，受热时产生压应力，冷却时为拉应力，如果超出钢材的屈服极限，管柱会断裂。

预应力套管完井（casing prestressed completion） 热采井中为了消除套管受热而产生的压应力，在固井过程中对套管预先施加一个拉应力的完井方法。

井筒热损失（heat loss in wellbore） 向油层注热流体过程中，沿井筒向周围非目的层散失的热量。

Коэффициент теплового расширения горных пород. Зависимость плотности горной породы от пластовой температуры под определенным давлением, в ℃$^{-1}$.

Кривая зависимости вязкости–температуры/ кривая вязкости–температуры. Кривая зависимости вязкости флюида от температуры, отражающая чувствительность вязкости флюида к изменению температуры, является важным базовым свойством при добыче нефти тепловым методом.

Термическое напряжение. Напряжение, возникающее при сталкивании с препятствием во время расширения или сжатия внутрискважинной компоновки, напряжение сжатия возникает при нагревании, а напряжение растяжения –при охлаждении. Компоновка разрывается, когда напряжение превышает предел текучести стали.

Заканчивание скважины при растяжении обсадной колонны. Метод заканчивания скважины при растяжении обсадной колонны в процессе цементирования скважины для устранения напряжения сжатия, вызванное нагревом обсадной колонны в добывающих скважинах.

Потеря тепла по стволу скважины. Потерянная тепловая энергия, распространенная в нецелевые пласты вдоль ствола скважины в процессе нагнетания теплового флюида в нефтяной пласт.

二参数测试（two-parameter test） 同时测量随井筒深度而变化的温度、压力参数的测试方式。

Двухпараметрический тест. Метод тестирования, при котором одновременно измеряются параметры температуры и давления, изменяющиеся в зависимости от глубины ствола скважины.

三参数测试（three-parameter test） 同时测量随井筒深度而变化的温度、压力、流量参数的测试方式。

Трехпараметрический тест. Метод тестирования, при котором одновременно измеряются параметры температуры, давления и потока, изменяющиеся в зависимости от глубины ствола скважины.

四参数测试（four-parameter test） 同时测量随井筒深度而变化的温度、压力、流量、干度参数的测试方式。

Четырехпараметрический тест. Метод тестирования, при котором одновременно измеряются параметры температуры, давления, потока и сухости пара, изменяющиеся в зависимости от глубины ствола скважины.

额定蒸发量（steam boiler rated evaporization） 单位时间内锅炉能够输出的最大蒸汽当量,单位为 t/h。

Номинальный объем испарения парового котла. Максимальный паровой эквивалент, который может выдать котел за единицу времени, единица измерения $т \cdot ч^{-1}$.

热力采油物理模拟（physical modeling of thermal recovery） 利用物理模型来重现油藏原型在热力采油过程中的一些现象及其规律的实验过程。

Физическое моделирование теплового метода добычи нефти. Экспериментальный процесс, в котором используются физические модели для воспроизведения некоторых явлений и закономерностей залежей в процессе термической обработки скважины.

热采模拟器(thermal recovery simulator) 模拟热载体(热蒸汽、热水或燃烧等)在油藏中运动、热能转移和交换的数值模拟器。一般包括蒸汽吞吐、蒸汽驱、热水驱和火驱过程的模拟。

Симулятор теплового воздействия на пласт. Цифровой симулятор, моделирующий движение, перемещение тепловой энергии и обмен теплоносителей (горячий пар, горячая вода или горение и т. д.) в залежи. Как правило, обладает функцией моделирования процессов пароциклической обработки скважины, парового заводнения, вытеснения нефти горячей водой и внутрипластового горения.

恒温驱替(isothermal displacement) 室内岩心驱替实验中,注入介质的温度与岩心温度相同的驱替过程。

Изотермическое вытеснение. Процесс вытеснения, когда температура нагнетаемой среды равна температуре керна, во время вытеснения нефти на кернах в лабораторных условиях.

非恒温驱替(non isothermal displacement) 室内岩心驱替实验中,注入高温热流体的温度不同于岩心温度的驱替过程。

Неизотермическое вытеснение. Процесс вытеснения, когда температура нагнетаемого высокотемпературного теплового флюида не равна температуре керна, во время вытеснения нефти на кернах в лабораторных условиях.

高温相对渗透率(high-temperature relative permeability) 在高温条件下,当岩石孔隙中饱和多相流体时,岩石对每一相流体的有效渗透率与岩石绝对渗透率的比值。

Высокотемпературная относительная проницаемость. Отношение эффективной проницаемости породы для каждой фазы флюида к абсолютной проницаемости породы в условиях высокой температуры, когда поры породы насыщены многофазными флюидами.

注蒸汽强度(steam intensity) 单位时间内单位油层厚度注入的蒸汽当量,单位为 t/(d·m)。

Интенсивность нагнетания пара. Эквивалент пара, нагнетаемого на единицу толщины нефтяного пласта за единицу времени, в т/ (сут. · м).

蒸汽腔(steam chamber) 注蒸汽开发过程中,在地层中形成的饱和蒸汽所占据的连续空间。

热采高温泡沫剂(foamer for steam flooding) 当环境温度大于200℃时,既能保持热稳定性又能降低流动性的耐高温泡沫剂。

Паровая камера. Непрерывное пространство, занятое насыщенным паром, образующимся в пласте в процессе разработки нагнетанием пара.

Температуростойкий пенообразователь для термической обработки скважины. Температуростойкий пенообразователь, поддерживающий термическую стабильность и снижающий текучесть при температуре окружающей среды выше 200℃.

蒸汽吞吐

Пароциклическая обработка

蒸汽吞吐(steam huff and puff, cyclic steam stimulation, steam soak) 它是周期性地向生产井中注入一定量的蒸汽,关井一段时间,待蒸汽的热能向油层扩散后,再开井投产的一种开采稠油的方法。也称循环注蒸汽法。

Пароциклическая обработка. Также известна как метод циклического нагнетания пара. Это метод добычи вязкой нефти путем периодического нагнетания определенного объема пара в добывающую скважину, с выдержкой его на определенный период времени и после того, как тепловая энергия пара распространится в нефтяной пласт и последующим запуском в эксплуатацию.

多井联动吞吐(multiple well steam huff and puff) 在蒸汽吞吐开发单元中,多口井按优选设计的排列组合进行有序蒸汽吞吐的方式。

Пароциклическая обработка нескольких скважин. Способ обработки нескольких скважин, расположенных в соответствии с оптимальным проектированием в ячейке разработки пароциклической обработкой.

空气辅助蒸汽吞吐（air assisted steam huff and puff） 在蒸汽吞吐的高温条件下,注入的空气与稠油发生氧化反应,氧气被消耗,产生 CO_2、CO,可改善吞吐效果。

Пароциклическая обработка скважины в сочетании с нагнетанием воздуха. Вид обработки, когда в условиях высокой температуры пароциклической обработки, нагнетаемый воздух вступает в окислительную реакцию с вязкой нефтью, в результате потребления кислорода образуются CO_2 и CO, что повышает эффективность циклической обработки.

注蒸汽吞吐焖井（well stew） 注蒸汽井停注后关井到开井放喷前的过程,目的是最大限度地将蒸汽的热量扩散到油层中。

Выдержка нагнетаемого пара в пласте для циклической обработки. Процесс от закрытия скважины после завершения нагнетания пара, до повторного ввода скважины в эксплуатацию для отбора флюида. Цель данного процесса заключается в максимальном распространении тепловой энергии пара в нефтяной пласт.

吞吐轮次 / 吞吐周期（steam cycle） 一个完整的注汽、焖井、采油的蒸汽吞吐开发过程称为一个吞吐轮次,一般用序数词标记。

Цикл/период пароциклической обработки. Полный цикл пароциклической обработки, включающий в себя нагнетание пара, его выдержку в скважине и последущую добычу нефти. Обозначается порядковым номером.

热连通（thermal communication） 蒸汽吞吐过程中,相邻生产井热前缘的连接。

Тепловая сообщаемость. Подразумевается сообщаемость (взаимовлияние) тепловых фронтов соседних эксплуатационных скважин в процессе пароциклической обработки.

周期注汽量（cyclic steam injection quantity） 在蒸汽吞吐开采方式中,一个吞吐周期 / 轮次累计注入的蒸汽当量。

Объем нагнетаемого пара за один период циклической обработки. Суммарный эквивалент пара, нагнетаемого за один период/цикл пароциклической обработки.

周期油汽比（cyclic oil-steam ratio） 一个吞吐周期内累计产油量与累计注入的蒸汽当量之比，单位为 t/t。

Нефтепаровой фактор за один период циклической обработки. Отношение совокупной добычи нефти к совокупному нагнетаемому паровому эквиваленту за один период пароциклической обработки, единица измерения т/т.

蒸汽吞吐回采水率（produced water-injected steam ratio） 一个吞吐周期内累计产水量与累计注蒸汽当量之比，用 % 表示。

Соотношение объема добываемой воды к объему нагнетаемого пара. Соотношение накопленной добычи воды к эквиваленту совокупного нагнетаемого пара за один период пароциклической обработки. Единица измерения %.

蒸汽吞吐采收率（oil recovery of steam huff and puff） 蒸汽吞吐油汽比降低到经济极限油汽比时的累计采油量占地质储量百分比，用 % 表示。

Нефтеотдача в режиме пароциклической обработки. Соотношение накопленной добычи нефти к геологическим запасам, когда нефтепаровой фактор в режиме пароциклической обработки достигает экономического предела. Единица измерения %.

蒸汽驱

Паровое заводнение

蒸汽驱 / 汽驱（steam flooding） 通过适当注采井网，从注入井连续注入蒸汽。在注入井周围形成蒸汽腔，加热并驱替原油到生产井，并通过生产井采油的开发方法。一般稠油油藏先进行蒸汽吞吐然后转入蒸汽驱。

Паровое заводнение. Способ добычи нефти из добывающих скважин за счет непрерывного нагнетания пара через нагнетательные скважины при оптимальной сетке нагнетательных и добывающих скважин, с образованием паровой зоны вблизи нагнетательных скважин для нагрева и вытеснения нефти в скважины.

多介质辅助蒸汽驱(multi-agent assisted steam flooding)　蒸汽驱开发过程中,辅助加入非凝析气(氮气、二氧化碳、天然气)、泡沫和化学剂等,发挥其协同复合作用的提高采收率方法。

Паровое заводнение с применением нескольких агентов.　В процессе разработки паровым заводнением в качестве вспомогательных агентов используются неконденсируемые газы, такие как азот, углекислый газ, природный газ, пена и химические реагенты с целью создания синергетического комплексного эффекта для повышения нефтеотдачи.

空气辅助蒸汽驱(air assisted steam flooding)在蒸汽腔高温条件下,注入的空气与稠油发生氧化反应,氧气被消耗,产生 CO_2、CO 及剩余的 N_2 能减缓油层上部热损失,提高蒸汽热效率,同时补充地层能量,提高泄油能力,减弱蒸汽黏性指进,促进汽腔均匀扩展。

Паровое заводнение в сочетании с нагнетанием воздуха.　В условиях высокой температуры в паровой зоне нагнетаемый воздух вступает в окислительную реакцию с вязкой нефтью, в результате потребления кислорода образуются CO_2 и CO, которые вместе с оставшимся N_2 могут замедлить потерю тепла в верхней части нефтяного пласта и улучшить тепловую эффективность пара, одновременно пополняя энергию пласта, улучшая способность дренирования нефти, ослабляя явление "пальцевого" прорыва пара из-за разницы вязкости и способствуя равномерному распространению паровой зоны.

蒸汽泡沫驱(foam steam drive)　在向油层注蒸汽的同时添加非凝析气体和耐高温起泡剂的一种驱油方式。

Пенно-паровое заводнение.　Метод вытеснения нефти, в котором наряду с нагнетанием пара в нефтяной пласт закачивается неконденсирующийся газ и температуростойкий пенообразователь.

间歇蒸汽驱（intermittent steam flooding）
周期性地从注汽井向油层中注入蒸汽的
一种蒸汽驱方式,在油层中造成不稳定的
脉冲压力状态,使之经历地层升压和降压
两个过程,从而促进毛细管渗吸驱油作
用,扩大注入蒸汽的波及效率,达到降低
含水、提高油层采收率的目的。

蒸汽超覆（steam override）　在注蒸汽过
程中,由于蒸汽密度比液体小,易向油层
顶部流动,从而形成蒸汽在顶部分布的
现象。

吞吐引效井（huff and puff effect well）　蒸
汽驱/火驱开发区块或开发井组内进行蒸
汽吞吐提高采油效果的生产井。

蒸汽驱采收率（oil recovery of steam
flooding）　对应蒸汽驱达到经济极限油汽
比时的累计采油量与地质储量之比,用%
表示。

Периодическое паровое заводнение.　Это метод парового заводнения, при котором пар периодически нагнетается в нефтяной пласт через нагнетательную скважину, что образует нестабильное импульсное давление в нефтяном пласте — приводит к повышению и снижению давления в пласте и способствует капиллярному пропитыванию и вытеснению нефти, повышается эффективность охвата нагнетаемым паром, достигается цель снижения обводненности и повышения нефтеотдачи пласта.

Перемещение пара.　Процесс нагнетания пара в нефтяной пласт. Поскольку плотность пара меньше, чем плотность жидкости, пар легко двигается к верхней части нефтяного пласта, вызывая его распространение в верхней части нефтяного пласта.

Скважина-кандидат применения паро-циклической обработки.　Эксплуатационная скважина, расположенная в блоке разработки паровым заводнением/внутрипластовым горением или на кустах эксплуатационных скважин, в которых проводится пароциклическая обработка для улучшения эффективности процесса добычи нефти.

Нефтеотдача в режиме парового заводнения.　Соотношение накопленной добычи нефти к геологическим запасам, когда нефтепаровой фактор достигает экономического предела, единица измерения %.

蒸汽辅助重力泄油

Парогравитационный дренаж

蒸汽辅助重力泄油(steam assisted gravity drainage，SAGD) 采用双水平井或直井 - 水平井组合，通过上部注入井连续注入的高温蒸汽向上及侧面扩展，形成一个蒸汽腔，蒸汽在蒸汽腔前缘冷凝，释放出潜热，并通过热传导为主的传热方式将周围油藏加热，被加热降黏的原油及冷凝水在重力作用下流到下部生产井的开采方法。

气体辅助 SAGD（non-condensable gas-SAGD，NCG-SAGD） 在注蒸汽的同时，以段塞或者伴注的形式注入非凝结气的 SAGD 过程称为气体辅助 SAGD，目的是有效降低蒸汽腔顶部热损失，减少蒸汽用量。

Парогравитационный дренаж. Метод добычи, при котором в условиях использования двух горизонтальных скважин или комбинации вертикальной и горизонтальной скважин, высокотемпературный пар, непрерывно нагнетаемый через верхнюю нагнетательную скважину, распространяется вверх и в бок, образуя паровую зону, пар конденсируется на фронте паровой зоны, выделяя скрытое тепло и нагревая окружающие залежи в основном за счет теплопередачи. Нагретая сырая нефть с пониженной вязкостью и конденсат поступают в нижнюю добывающую скважину под действием гравитации.

Парогравитационный дренаж с дополнительным нагнетанием неконденсирующего газа. Параллельно с нагнетанием газа нагнетается неконденсируемый газ в виде оторочки или сопутствующего нагнетаемого агента. Подобный процесс называется парогравитационным дренажем с дополнительным нагнетанием неконденсирующего газа, целью которого является эффективное сокращение потери тепла в верхней части паровой зоны и снижение расхода пара.

溶剂辅助 SAGD（expanding solvent–SAGD, ES–SAGD） 在 SAGD 过程中,以伴注的形式注入溶剂的开发方式称为溶剂辅助 SAGD,目的是能够更有效地降低重油和沥青的黏度,增加产油量,提高油汽比。

泡沫辅助 SAGD（foam assisted–SAGD, FA–SAGD） 采用蒸汽和起泡剂联合注入的 SAGD 开发过程称为泡沫辅助 SAGD,目的是改善不利的流体比、提高波及系数和扫油效率,遏制蒸汽的侧向突进。

Парогравитационный дренаж с добавкой растворителя. В процессе парогравитационного дренажа нагнетается растворитель в качестве сопутствующего нагнетаемого агента, такой способ разработки называется парогравитационным дренажем с добавкой растворителя, целью которого является более эффективное снижение вязкости тяжелой нефти и битумов, увеличение добычи нефти и нефтепарового фактора.

Парогравитационный дренаж с добавкой пены. Процесс парогравитационного дренажа–совместно нагнетается пар и пенообразователь, такой способ называется парогравитационным дренажем с добавкой пены, целью которого является улучшение неблагоприятного соотношения вязкости флюидов, повышение коэффициента охвата и эффективности вытеснения нефти с ограничением прорыва пара по бокам.

Sub-cool　生产井井底压力对应的饱和蒸汽温度与该处实际温度的差值。合理的 Sub-cool 值,蒸汽热利用率高,可实现较高的泄油速度和较高的油汽比;过大的 Sub-cool 值,可能导致井下液面淹没注汽井,降低热效率,影响蒸汽腔扩展;过小的 Sub-cool 值,井底易出现闪蒸,将携带大量热量至地面,热利用率低,严重影响举升效率。

SAGD 循环预热(SAGD preheating by steam circulation)　在注采水平井内各自下入长、短管柱,连续注入蒸汽、产出热水的循环加热过程称为循环预热。目的是通过热传导使上、下水平井间油层温度达到泄油要求。

"Переохлаждение".　Относится к разнице между температурой насыщенного пара, соответствующей забойному давлению добывающей скважины, и фактической температурой в определенной части. Оптимальное значение "переохлаждения", высокий коэффициент использования тепла пара позволяют достичь более высокой скорости дренирования нефти и более высокого нефтепарового фактора. Чрезмерное значение "переохлаждения" может привести к тому, что уровень жидкости в скважине заглушит нагнетательную скважину, что снизит коэффциент использования тепла и повлияет на распространение паровой камеры. При низком значении "переохлаждения" на забое скважины легко происходит мгновенное испарение, которое уносит большое количество тепла на поверхность земли, а коэффициент использования тепла будет низким, что серьезно повлияет на эффективность добычи.

Предпрогрев парогравитационного дренажа за счет циркуляции пара.　Процесс отдельного спуска длинной и короткой обсадных колонн в горизонтальную нагнетательную и добывающую скважины соответственно, непрерывного нагнетания пара и циркуляционного нагрева горячей водой называется предпрогрев парогравитационного дренажа за счет циркуляции пара. Цель состоит в том, чтобы температура нефтяного пласта между верхней и нижней горизонтальными скважинами соответствовала требованиям к дренированию за счет теплопроводности.

蒸汽腔上升阶段(the rising stage of steam chamber) SAGD 生产初期蒸汽腔在纵向上发育较快、横向扩展较慢的阶段称为蒸汽腔上升阶段,该阶段蒸汽腔尚未到达油层顶部。

蒸汽腔扩展阶段(the expansion stage of steam chamber) SAGD 生产中期蒸汽腔到达顶部后,沿着顶部横向扩展的阶段称为蒸汽腔扩展阶段。

蒸汽腔下降阶段(the declining stage of steam chamber) 当蒸汽腔横向扩展到非流动边界时,蒸汽腔逐渐向下运移的阶段称为蒸汽腔下降阶段。

Стадия подъема паровой камеры. На ранней стадии SAGD паровая камера быстро распространяется в вертикальном направлении и медленно распространяется в горизонтальном направлении, данная стадия называется стадией подъема паровой камеры. На этой стадии паровая камера еще не перемещается в верхнюю часть нефтяного пласта.

Стадия распространения паровой камеры. В средней стадии SAGD, после того, как паровая камера перемещается в верхнюю часть нефтяного пласта, затем она латерально распространяется в верхней части.

Стадия опускания паровой камеры. Когда паровая камера латерально распространяется до нестекающей границы, паровая камера постепенно перемещается вниз.

火烧油层

Внутрипластовое горение

火烧油层 / 火驱(in-situ combustion, fire flooding) 将空气或富氧空气注入油层中,通过自燃或人工点火点燃一部分油层,再连续注入空气维持油层燃烧,将原油驱向生产井的开采过程。

Внутрипластовое горение. Это способ добычи нефти путем нагнетания воздуха или обогащенного кислородом воздуха в часть нефтяного пласта для воспламенения нефтяного пласта самовоспламенением путем самовозгорания или искусственного воспламенения с последующим непрерывным нагнетанием воздуха для поддержания горения нефтяного пласта с целью вытеснения нефти к добывающей скважине.

正向火驱（forward combustion） 燃烧前缘从注入井向生产井移动，与注入空气的流动方向一致的火烧油层开采过程。

Прямое внутрипластовое горение. Процесс добычи внутрипластовым горением, когда фронт горения перемещается от нагнетательной скважины к добывающей в том же направлении, что и поток нагнетаемого воздуха.

反向火驱（reverse combustion） 燃烧前缘从生产井向注入井移动，与注入空气的流动方向相反的火烧油层开采过程。

Обратное внутрипластовое горение. Процесс добычи внутрипластовым горением, когда фронт горения перемещается от добывающей скважины к нагнетательной скважине в направлении, противоположном потоку нагнетаемого воздуха.

干式火驱（dry combustion） 向油层中注入不含水的空气或富氧空气的火驱过程。

Сухое внутрипластовое горение. Процесс внутрипластового горения с нагнетанием в нефтяной пласт воздуха без влагосодержания или воздуха, обогащенного кислородом.

湿式火驱（wet combustion） 自注入井交替注空气和水，或同时注空气和水，注入的水受高温作用全部或部分汽化，穿过燃烧前缘形成蒸汽或热水带，从而提高热利用率的火驱过程。

Влажное внутрипластовое горение. Процесс внутрипластового горения, когда воздух и вода поочередно нагнетаются через нагнетательную скважину, либо воздух и вода нагнетаются одновременно, а нагнетаемая вода испаряется полностью или частично под действием высокой температуры, проходя через фронт горения с образованием зоны пара или горячей воды, тем самым повышая коэффициент использования тепла.

火烧辅助重力泄油(combustion assisted gravity drainage, toe to heel air injection) 依靠重力泄油的一种火烧油层开发方式。典型的布井模式是一口垂直井点火 / 注气,一口水平生产井位于油层最底部。垂直井点火形成燃烧带,沿着水平井的脚趾到脚跟火烧油层,被火线前缘加热的原油在高温下热解大量的馏分、水分,使稠油黏度大幅度下降,形成可动油。可动油在重力作用下,顺着垂直界面流入水平井筒中。

火烧吞吐(combustion huff and puff) 向油藏中注入一定量空气并促发燃烧产生热量,然后停止注入进行焖井,焖井结束后再开井生产的开发方式。该方式生产过程与蒸汽吞吐过程相似,只是以注入空气代替蒸汽并实现层内燃烧,因而称为火烧吞吐。

Гравитационный дренаж с добавкой внутрипластового горения. Способ разработки нефтяного пласта внутрипластовым горением на основе гравитационного дренажа. Типовая схема размещения скважин: одна вертикальная скважина для зажигания/ нагнетания воздуха и одна горизонтальная добывающая скважина размещены в подошве нефтяного пласта. В вертикальной скважине образуется зона горения и осуществляется внутрипластовое горение от носка до пятки горизонтальной скважины. Пластовая нефть, нагретая фронтом горения, пиролизует большое количество фракций и влаги при высокой температуре, что значительно снижает вязкость нефти, в результате чего образуется подвижная нефть. Подвижная нефть стекает в ствол горизонтальной скважины по вертикальной границе под действием гравитационных сил.

Циклическое внутрипластовое горение. Способ разработки, при котором в пласт нагнетается определенное количество воздуха, далее после зажигания образуется тепло, затем нагнетание останавливается с выдержкой тепла в скважине и через некоторое время производится повторный ввод скважины в эксплуатацию. Производственный процесс данного способа аналогичен пароциклической обработке, отличие заключается лишь в том, что вместо пара нагнетается воздух и осуществляется внутрипластовое горение, поэтому данный метод называется циклической обработкой горением.

高温氧化（high temperature oxidation，HTO）　火烧油层开发中，通过原油氧化和热解生成固体燃料焦炭，焦炭燃料的氧化反应温度通常在350℃以上，该反应称为高温氧化反应。

Высокотемпературное окисление.　Во время внутрипластового горения образуется твердое топливо-кокс в результате окисления и пиролиза пластовой нефти, температура окислительной реакции кокса обычно превышает 350 ℃, что называется реакцией высокотемпературного окисления.

低温氧化（low temperature oxidation，LTO）　火烧油层开发中，空气注入油层后与原油发生氧化反应生成燃料焦炭，这种液体原油燃料与氧气的氧化反应温度低于固体焦炭燃料的反应温度，通常小于350℃，称为低温氧化。

Низкотемпературное окисление.　Во время внутрипластового горения, после нагнетания воздуха в нефтяной пласт, в результате окислительной реакции воздуха и пластовой нефти образуется кокс, температура окислительной реакции сырой нефти ниже, чем температура кокса, обычно составляет ниже 350℃, это называется низкотемпературным окислением.

热裂解（thermal cracking）　火驱过程中，在高温条件下原油分裂成较小分子量的烃类和焦炭的过程，也称热裂化。

Термический крекинг.　Также известен как термическое растрескивание. Во время внутрипластового горения сырая нефть расщепляется на углеводороды с меньшей молекулярной массой и кокс в условиях высокой температуры.

活化能（activation energy）　1mol 分子从常态转变为容易发生化学反应的活跃状态所需要的能量，活化分子的平均能量与反应物分子平均能量的差值，反应的活化能通常表示为 E_a，单位为 kJ/mol。

Энергия активации.　Энергия, необходимая для превращения 1 моля молекул из нормального состояния в активное состояние, склонное к химическим реакциям; это разница между средней энергией активированных молекул и средней энергией молекул реагирующих веществ, энергия активации реакции обычно выражается как E_a, в кДж/моль.

反应级数(reaction order) 化学反应速率方程中各浓度项的幂次之和。反应级数由化学反应机理决定,反应机理描述了反应的各瞬间阶段,这些瞬间反应会产生中间物,从而可以控制反应级数。

Порядок реакции. Сумма степеней концентрации в кинетическом уравнении скорости химической реакции. Порядок реакции определяется механизмом химической реакции, который описывает разные мгновенные стадии реакции, производящие промежуточные продукты, позволяющие контролировать порядок реакции.

指前因子(preexponential factor) 阿伦尼乌斯公式 $k=A \cdot \exp(-E_a/RT)$ 中,k、R、T、E_a 分别是化学反应速率常数、摩尔气体常数、反应温度及活化能,式中的 A 称为指前因子。它是一个只由反应本性决定而与反应温度及系统中物质浓度无关的常数,与 k 具有相同的量纲。A 是反应的重要动力学参量之一。

Предэкспоненциальный множитель. В уравнении Аррениуса $k=A \exp(-E_a/RT)$, k, R, T, E_a — константа скорости химической реакции, молярная газовая постоянная, температура реакции и энергия активации соответственно, где A называется предэкспоненциальным множителем. Это константа, которая определяется только характером самой реакции и не зависит от температуры реакции и концентраций веществ в системе, и имеет ту же размерность, что и k. A является одним из важных кинетических параметров реакции.

点火温度(ignition temperature) 经电点火装置加热后进入地层的注入空气温度。

Температура воспламенения. Температура нагнетаемого воздуха, поступающего в пласт после его нагрева электровоспламенительным устройством.

门槛温度(threshold temperature) 在连续恒速注入空气条件下,能在 1h 以内使油砂点燃的最低点火温度。

Пороговая температура. Минимальная температура воспламенения, при которой нефтеносные пески могут воспламениться в течение часа в условиях непрерывного нагнетания воздуха с постоянной скоростью.

通风强度（air flux）　单位时间内通过单位面积油砂的气体在标准状况下（273.15K，101325Pa）的体积量。单位为 m³/（m²·d）或 m³/（m²·h）。

Интенсивность воздушного потока.　Объем воздуха, проходящего через единицу площади нефтеносного песка в стандартных условиях (температура = 273,15K=0℃, давление=101325 Па =1 атм) за единицу времени, в м³/ (м²·сут) или м³/ (м²·ч).

空气消耗量（air consumption，air requirements）　燃烧带扫过单位体积油砂消耗的空气在标准状况下的体积，单位为 m³/m³。

Объем расходования воздуха.　Объем воздуха, расходуемого зоной горения, проходящий через единицу объема нефтеносных песков в стандартных условиях, в м³/м³.

氧气利用率（utilization rate of oxygen）通过燃烧带消耗掉的氧气在标准状况下（273.15K，101325Pa）的体积占总注入氧气在标准状况下体积的百分比。

Коэффициент утилизации кислорода.　Процент объема кислорода, израсходованного при прохождении зоны горения при стандартных условиях (273,15 К, 101325 Па) от общего объема нагнетаемого кислорода.

空气油比（air-oil ratio）　稠油火烧油层或稀油注空气开发过程中，注入的空气量与采出原油量的比值，单位为 m³/t。

Воздухонефтяной фактор.　Отношение объема нагнетаемого воздуха к объему добытой нефти во время разработки вязкой нефти внутрипластовым горением или разработки невязкой нефти нагнетанием воздуха, единица измерения м³/т.

阶段空气油比（stage air-oil ratio）　稠油火烧油层或稀油注空气开发过程中某个阶段累计注入空气在标准状况下体积量与该阶段采出原油质量的比值，单位为 m³/t。

Этапный воздухонефтяной фактор.　Отношение совокупного объема нагнетаемого воздуха в стандартных условиях к объему добытой сырой нефти за определенный этап разработки вязкой нефти внутрипластовым горением или невязкой нефти нагнетанием воздуха, в м³/т.

累计空气油比(cumulative air-oil ratio) 火烧油层开发过程进入到某一阶段,累计注入空气在标准状况下体积量与累计采出原油质量的比值,单位为 m^3/t。

Накопленный воздухонефтяной фактор. Отношение накопленного объема нагнетаемого воздуха к накопленной добытой сырой нефти в стандартных условиях на определенной стадии разработки внутрипластовым горением, в $м^3/т$.

水空气比(water air ratio, WAR) 湿式火驱时,注入油藏中的水和空气的比值,单位为 kg/m^3。

Водовоздушный фактор. Соотношение воды к воздуху, нагнетаемых в залежи в режиме влажного внутрипластового горения, в $кг/м^3$.

空气注入强度(air injection rate per meter) 单位时间内每米油层厚度注入的空气量,单位 $m^3/(d \cdot m)$。

Интенсивность нагнетания воздуха на метр. Объем нагнетаемого воздуха на метр толщины нефтяного пласта за единицу времени, в $м^3/(сут \cdot м)$.

视 H/C 原子比(apparent atomic H/C ratio) 维持油层燃烧的燃料中氢原子数与碳原子数的比值,一般通过产出尾气组分计算得到。

Кажущееся атомное отношение H/C. Отношение количества атомов водорода к количеству атомов углерода в топливе, поддерживающее горение нефтяного пласта, которое обычно рассчитывается по составу образующегося дымового газа.

燃料消耗量(fuel consumption, fuel deposition) 在设定通风强度下燃烧带扫过单位体积油砂消耗的燃料质量,单位为 kg/m^3。

Расход топлива. Масса топлива, расходуемая поясом горения, проходящим через единицу объема нефтеносных песков при заданной интенсивности вентиляции, в $кг/м^3$.

自燃温度(self-ignition temperature) 原油与空气(或氧化剂)接触的情况下能够自发燃烧的最低温度。

Температура самовоспламенения. Минимальная температура, при которой сырая нефть может самовозгораться при контакте с воздухом (или окислителем).

自燃点火(spontaneous ignition) 向注入井中持续注空气或富氧空气,在油层温度下原油发生氧化反应实现燃烧的过程。

Самопроизвольное воспламенение. Процесс непрерывного нагнетания воздуха или обогащенного кислородом воздуха в нагнетательную скважину, когда в условиях пластовой температуры сырая нефть самовозгорается в результате реакции окисления.

点火井(ignition well) 火烧油层时,向油层注入空气或富氧空气,利用井下点火器将油层点燃的井。

Скважина для создания очага горения. Скважина, в которой используется внутрискважинный воспламенитель для горения нефтяного пласта путем нагнетания воздуха или обогащенного кислородом воздуха в нефтяной пласт.

人工点火(artificial ignition) 采用电点火、气点火、蒸汽辅助化学点火等点火方法,在点火井中将油层点燃的过程。

Искусственное воспламенение. Процесс горения нефтяного пласта в скважине для создания очага горения с помощью таких методов воспламенения, как электровоспламенение, газовое воспламенение и химическое воспламенение с добавкой пара.

蒸汽辅助化学点火(steam assisted chemical ignition) 通过蒸汽注入地层辅助预热后,再注入化学助燃剂实现点火的过程。

Химическое воспламенение с добавкой пара. Процесс нагнетания пара для предпрогрева пласта, и последующего нагнетания химических присадок для осуществления горения.

燃烧尾气/烟(道)气(flue gas) 含碳燃料燃烧时从烟道排出的废气,一般含有水蒸气、CO_2、N_2、O_2 及少量的 NO_2、SO_2、CO 等,是工业燃烧时产生废气的统称。

Хвостовые газы/дымовые газы при сжигании. Относятся к отходным газам, выпускаемым из дымохода при сжигании углеродосодержащего топлива, как правило, содержащие водяной пар, CO_2, N_2, O_2 и незначитьное количество NO_2, SO_2, CO и т. д., представляют собой общее название отходных газов, образованных при промышленном сжигании.

已燃区（burned zone） 火烧油层过程中已经燃烧过的区域。

燃烧前缘/火驱前缘（combustion front，combustion zone） 火烧油层时，已燃区前方正在发生高温氧化反应的区域，该区域温度最高。又叫燃烧带。

燃烧前缘推进速度（advancing rate of combustion front） 燃烧前缘在单位时间内推进的距离，单位为 cm/d 或 cm/h。

焦炭（coke） 火烧油层过程中，通过热裂解和氧化成焦作用形成的含碳量高、挥发物少的固体可燃物。

结焦区/结焦带（coking zone） 在火烧油层开发过程中，在燃烧带之前，无法流动、作为燃料焦炭生成的区域。

火烧油层驱油效率（displacement efficiency of in-situ combustion） 从燃烧带扫过的油藏单元体积中被驱替出的那部分石油储量占该单元体积地质储量的百分数。

Сгоревшая зона. Уже сгоревшая зона в процессе внутрипластового горения.

Фронт горения/фронт внутрипластового горения. Также известен как пояс горения, это площадь, где происходит высокотемпературная реакция окисления перед сгоревшей зоной. Она имеет самую высокую температуру.

Скорость продвижения фронта горения. Расстояние продвижения фронта горения за единицу времени, в см/сут. или см/ч.

Кокс. Твёрдое горючее вещество с высоким содержанием углерода и низким содержанием летучих веществ, образующееся в результате термического крекинга, окисления и коксообразования во время внутрипластового горения.

Зона коксования/пояс коксования. Зона образования кокса в качестве топлива, которая не может течь и расположена перед поясом горения в процессе разработки внутрипластовым горением.

Эффективность вытеснения внутрипластовым горением. Процент запасов нефти, вытесняемой из единицы объёма залежи, охваченной поясом горения, от геологических запасов данной единицы объёма залежи.

其他稠油开采方式

Другие способы добычи вязкой нефти

露天开采（mining）　一种针对埋深 70m 以内油砂矿的开采方法，浅层油砂矿经过挖掘、运输、破碎后与热水混合，再采用浮选工艺分离得到稠油。

Добыча полезных ископаемых открытым способом.　Способ добычи нефтеносных песков с глубиной залегания менее 70 м. Неглубоко залегающие нефтеносные пески смешивают с горячей водой после копания, транспортировки и измельчания, а затем подвергают сепарации флотационным методом и разделению для получения вязкой нефти.

质量含油率（the weight percentage of bitumen）　油砂油占油砂总质量的百分数。

Массовый процент содержания битума. Процент содержания битума в нефтеносных песках от общей массы нефтеносных песков.

矿体可采系数（recovery factor of ore）　能采到地面的油砂质量占地下油砂总质量的百分数。

Коэффициент извлечения полезных ископаемых.　Процент массы нефтеносных песков, которые могут быть извлечены на поверхность, от общей массы подземных нефтеносных песков.

工业水洗采收率（industrial water washing recovery factor）　通过工业水洗获得油的质量占采到地面油砂总质量的百分数。

Коэффициент нефтеотдачи в режиме промывки технической водой.　Процент массы нефти, добытой при промывке технической водой, от общей массы извлеченных на поверхность нефтеносных песков.

稠油出砂冷采(cold heavy oil production with sand, CHOPS) 利用稠油储层胶结疏松、原油中含有一定量溶解气的特点，不采取防砂措施，有意诱导并维持油井整个生产周期内出砂,砂和油、水、气一同产出,经分离获得油气资源的稠油开采方式。

Холодная добыча вязкой нефти вместе с песком. Используя преимущества с учетом таких характеристик коллекторов вязкой нефти, как рыхлая цементация и содержание определенного количества растворенного газа в нефти, без принятия меры по борьбе с пескопроявлением, преднамеренно вызывается и поддерживается вынос песка в течение всего эксплуатационного цикла нефтяной скважины. Пески добываются вместе с нефтью, водой и газом, а нефть и газ отделяются путем сепарации.

蚯蚓洞(wormhole) 在稠油出砂冷采工艺中,降压生产时油层大量出砂,在井底附近地层形成类似 "蚯蚓" 形状的出油通道。

Червоточина (канал в форме червя). В процессе холодной добычи вязкой нефти извлекается большое количество песка из нефтяного пласта, и в призабойной части пласта образуется канал перемещения нефти, подобный форме "червоточины".

泡沫油(foamy oil) 在稠油出砂冷采工艺中,随着稠油向井底降压流动,溶解气析出形成油气比相对稳定的含气泡原油。气泡自身膨胀提供了能量,同时也降低了原油黏度。

Пенная нефть. В процессе холодной добычи вязкой нефти вместе с песком, когда вязкая нефть течет к забою скважины в условиях пониженного давления, растворенный газ выделяется с образованием пузырьков в сырой нефти с относительно стабильным газовым фактором. Расширение самих пузырьков обеспечивает энергию, а также снижает вязкость сырой нефти.

溶剂萃取（VAPEX） 使用类似 SAGD 的双水平井,从上部注入井连续注入丙烷、丁烷等气相溶剂,溶剂在油气界面上溶解,向油相内扩散,降低油气界面附近原油黏度,降黏后的原油和溶剂混合物在重力作用下流向下部的生产井,从而被采出的生产过程称为溶剂萃取。

Добыча нефти нагнетанием растворителей. Аналогичная парогравитационному дренажу с использованием двух горизонтальных скважин; в верхнюю нагнетательную горизонтальную скважину непрерывно нагнетается пропан, бутан и другие газофазные растворители; растворители смешиваются/растворяются на газонефтяном контакте (ГНК) и распространяются в нефтяную фазу, снижают вязкость сырой нефти вблизи ГНК, смесь сырой нефти с пониженной вязкостью и растворителя стекает в нижнюю добывающую горизонтальную скважину под действием гравитации, данный процесс называется добычей нефти нагнетанием растворителей.

溶剂吞吐（cyclic solvent injection，CSI） 与蒸汽吞吐工艺相似,分注入、焖井、产出三阶段,差异在于使用丙烷、丁烷、二氧化碳等气相溶剂替代蒸汽,利用溶解气驱和重力产出降黏后的稠油。

Циклическое нагнетание растворителей

Подобно процессу пароциклической обработки, делится на три этапа: нагнетание, выдержка в скважине и добыча, отличие заключается в использовании пропана, бутана, диоксида углерода и других газофазных растворителей вместо пара, вязкая нефть добывается после снижения вязкости путем вытеснения растворенным газом и гравитации.

热水驱（hot water flooding） 向油层注入加热到一定温度的热水驱替原油的方法。

Заводнение горячей водой. Метод вытеснения сырой нефти путем нагнетания горячей воды, нагретой до определенной температуры, в нефтяной пласт.

多元热流体（multiple thermal fluids） 含有水(蒸汽)、氮气、二氧化碳等非凝结气及化学添加剂多种组分,用于稠油油田提高采收率的高温流体。

Многокомпонентные термические флюиды. Относятся к высокотемпературным флюидам, содержащим воду (пар), азот, двуокись углерода, другие неконденсирующиеся газы, химические добавки и другие компоненты, используемые для повышения нефтеотдачи месторождений вязкой нефти.

电加热开发（reservoir electrical heating technique） 在井底通过电能加热油层开采稠油的技术。

Техника электрообогрева залежей. Техника добычи вязкой нефти путем электрообогрева нефтяного пласта на забое скважины.

传热深度（thermal penetration depth） 利用井下加热器(电加热器或射频加热器)向油层加热时,油层受热的深度或范围。

Глубина теплопередачи. Глубина или область обогрева нефтяного пласта при использовании внутрискважинного обогревателя (электрического или радиочастотного).

稠油油藏提高采收率装备与工具

Оборудование и инструменты для повышения коэффициента извлечения вязкой нефти

热重分析仪（Thermal Gravimetric Analyzer） 在一定条件下,一种测量试样的质量与温度或时间关系的仪器。

Термогравиметрический анализатор. Прибор измерения зависимости массы образца от температуры или времени при определенных условиях.

第一章 稠油油藏提高采收率
Часть I. Повышение коэффициента извлечения вязкой нефти

差示扫描量热仪（Differential Scanning Calorimeter） 通过差示扫描量热法研究试样放热/吸热随温度或时间关系的仪器。差示扫描量分析法是一种热分析法，在程序控温和一定气氛下，测量输入到试样和参比物的功率差（如以热的形式）与温度的关系。（在一定条件下，一种测量试样放热/吸热随温度或时间关系的仪器。）

动力学反应器（Kinetic Cell） 一种以油砂作为样品，测量产出尾气组分及其体积分数随温度或时间关系的仪器，通常用来求取火驱过程中各反应的动力学参数。

加速量热仪（accelerating rate calorimeter） 一种测量试样升温速率与温度关系的仪器。

Дифференциальный сканирующий калориметр. Прибор, измеряющий зависимость теплоотдачи/теплопоглощения образца от температуры или времени на основе дифференциальной сканирующей калориметрии. Дифференциальный сканирующий анализ—это метод термического анализа, измеряющий связь разности мощностей (например, в виде тепла) между образцом и эталоном, от температуры при контролируемой программой температуре и определенной атмосфере (прибор, измеряющий зависимость теплоотдачи/теплопоглощения образца от температуры или времени при определенных условиях).

Кинетический реактор. Прибор, использующий нефтеносный песок в качестве образца, для измерения зависимости компонентов и объемной доли образующихся дымовых газов от температуры или времени, обычно используется для получения кинетических параметров разных реакций в процессе внутрипластового горения.

Ускоряющий калориметр. Прибор, измеряющий зависимость скорости повышения температуры образца (пробы) от температуры.

- 31 -

燃烧管（combustion tube） 一种研究和确定火烧油层有关工艺参数的室内物理模拟实验装置。通常管内充填实验目的层的油砂并饱和地下流体,可按规定程序加热、注入空气,模拟火烧油层过程,可用来研究燃料生成量、空气消耗量、燃烧前缘推进速度等。

Трубка сжигания. Установка физического моделирования в лаборатории для изучения и определения соответствующих технологических параметров в процессе внутрипластового горения. Обычно трубка сжигания заполняется нефтеносным песком целевого пласта и насыщается пластовым флюидом, в соответствии с установленным порядком осуществляется нагрев, нагнетание воздуха и моделирование процесса внутрипластового горения, также применяется для изучения количества генерации топлива, расхода воздуха, скорости продвижения фронта горения и т.д.

烟气分析仪（flue gas analyzer） 利用电化学传感器或红外传感器连续分析测量 CO_2, CO, NO_x, SO_2, O_2 等气体组分体积分数的设备。

Анализатор дымовых газов. Устройство, непрерывно анализирующее и измеряющее объемную долю компонентов газа, таких как CO_2, CO, NO_x, SO_2 и O_2, с помощью электрохимического или инфракрасного датчика.

热采三维物模实验装置（3D thermal recovery physical simulation apparatus） 基于相似准则在三维比例模型上模拟注蒸汽/火烧油层开采全过程的实验装置,可实时获取温度和压力三维动态展布及其变化规律。

Трехмерная установка физического моделирования термической обработки. Экспериментальное устройство, моделирующее весь процесс добычи в режиме нагнетания пара/внутрипластового горения на трехмерной модели на основе критериев подобия с целью получения в реальном времени трехмерного динамического распределения температуры, давления и закономерности их изменения.

热采井口（thermal wellhead） 适用于注蒸汽或其他热采方式进行稠油开采的井口。一般情况下其结构与常规井口相同，但钢材和密封部件要采用耐热材料。

Устье скважины предназначенное для термической обработки. Устье работающей скважины, предназначенной в режиме нагнетания пара или других тепловых носителей. Применяется при разработке месторождений с вязкой нефтью тепловыми методами добычи. В целом, конструкция устья такая же, как и у стандартных устьев, но стальные и уплотнительные детали выполнены из теплостойких материалов.

热应力补偿器（thermal stress compensator） 当套管柱受热膨胀或降温收缩时,能补偿套管伸缩,将套管内应力值控制在屈服极限范围内的一种特殊装置。

Компенсатор термического напряжения. Специальное устройство, которое может компенсировать расширение и сжатие обсадной колонны, когда она расширяется при нагревании и сжимается при охлаждении, чтобы контролировать величину напряжения в обсадной трубе в диапазоне предела текучести.

稠油泵 / 抽稠泵（viscous crude pump） 用于举升稠油的井下抽油泵。稠油的黏度高、阻力大,常规泵无法正常抽汲。常用的稠油泵有流线型稠油泵、液力反馈泵、机械开关阀稠油泵等。

Насос для подъема вязкой нефти/ насос для прокачивания вязкой нефти. Внутрискважинный насос, для подъема вязкой нефти. Для перекачки нефти высокой вязкости с высоким сопротивлением (которую не в состоянии прокачать стандартные насосы) часто используют специализированные насосы для подъема вязкой нефти, такие как винтовые насосы, насосы с гидравлической обратной связью, насосы с механическим переключающим клапаном и т. д.

汽驱井抗高温陶瓷泵（high temperature ceramic pump for steam flooding） 利用陶瓷耐高温、耐腐蚀、高硬度的优秀性能，采用复合工业结构陶瓷材料制造泵筒和柱塞体，提高举升设备在高温、腐蚀环境下的工作寿命，增加工作稳定性，满足蒸汽驱生产防砂卡、抗高温等要求的采油泵。

蒸汽发生器（steam generator） 用于稠油开采的产生高温高压蒸汽的设备。

蒸汽锅炉（steam boiler） 为稠油热采提供蒸汽的直流锅炉或循环流化床锅炉。

多元热流体发生器（multiple thermal fluid generator） 利用航空发动机高温喷射燃烧原理，使燃料和空气在燃烧室燃烧生成高温烟气与注入水混合，最终形成高温高压混合流体的装置。其燃料可以是柴油、原油或天然气。

Температуростойкий насос из керамики для парового заводнения. Насос для откачки нефти, корпус и плунжер которого сделаны из керамических материалов комбинированной промышленной структуры. Такие свойства керамики, как высокая термостойкость, коррозионная стойкость и высокая твердость, позволяют продлить срок службы подъемного оборудования в условиях высоких температур и агрессивных сред, повысить стабильность работы и удовлетворить требования к борьбе с прихватом лифтовой трубы, песком и к температуростойкости в режиме парового заводнения.

Парогенератор. Устройство для производства пара высокой температуры и высокого давления для добычи вязкой нефти.

Паровой котел. Прямоточный котел или котел с циркулирующим кипящим слоем, вырабатывающий пар для термической добычи вязкой нефти.

Генератор многокомпонентных термических флюидов. Устройство, в котором используется принцип высокотемпературного струйного сгорания авиационного двигателя для сжигания топлива и воздуха в камере сгорания с образованием высокотемпературных дымовых газов, которые потом смешиваются с нагнетаемой водой, и в конечном итоге образуются смешанные флюиды высокой температуры и высокого давления. Топливом генератора может служить дизельное топливо, сырая нефть или природный газ.

空气压缩机（air compressor）　一种通过压缩方式提供高压空气的设备。

汽水分离器（steam-water separator）　一种使湿蒸汽中的水分与蒸汽分离的装置，通常安装在锅炉出口和注汽井之间，可提高注入蒸汽的干度。分离出来的热水可返注回锅炉或预热冷水。

隔热油管（insulated tubing）　注蒸汽开发过程中为减少热量损失而使用的具有隔热保温功能的油管。

蒸汽驱分层注汽管柱（separate-layer steam injection pipestring for steam flooding）　由封隔器、配汽装置及油管等组合而成，以高温蒸汽为注入介质进行分层注汽的管柱。

热采封隔器（thermal recovery packer）　热力采油时，注入井和生产井中使用的一种耐热封隔器。热采封隔器的密封元件及所有密封圈均采用耐高温材料，例如耐高温合成橡胶、石墨或延展性较强的金属。

Воздушный компрессор.　Устройство, обеспечивающее подачу воздуха высокого давления посредством компрессирования.

Пароводяной сепаратор.　Устройство для отделения влаги из пара, обычно устанавливается между выходом котла и паронагнетательной скважиной для повышения сухости нагнетаемого пара. Отделенная горячая вода обратно нагнетается в котел или используется для предпрогрева холодной воды.

Теплоизолированная НКТ.　Насосно-компрессорная труба с функцией теплоизоляции, используемая для снижения потерь тепла в режиме парового заводнения.

Компоновка одновременно-раздельной закачки пара при паровом заводнении.　Компоновка, состоящая из пакера, распределителя пара, НКТ и т. д., в которой применяется высокотемпературный пар в качестве агента нагнетания для осуществления одновременно-раздельной закачки пара.

Пакер для термической обработки скважины.　Термостойкий пакер, применяемый в нагнетательных и добывающих скважинах при добыче нефти тепловым методом. Уплотнительные элементы и все уплотнительные кольца пакера для термической обработки изготовлены из термостойких материалов, таких как термостойкий синтетический каучук, графит или металл с высокой пластичностью.

偏心配汽装置(eccentric steam distribution device) 一种由工作筒和堵塞器组成,堵塞器坐入工作筒中心线一侧偏孔内的配汽装置,便于注汽井进行测试和多层配汽。

Эксцентриковый парораспределитель
Парораспределитель, состоящий из мандрели и пробки, при этом пробка посажена в эксцентричное отверстие в сторону осевой линии мандрели, что удобно для проведения испытаний в паронагнетательных скважинах и многослойного распределения пара.

同心配汽装置(concentric steam distribution device) 一种由外套和内芯组成、外套和内芯保持同心的配汽装置。

Концентрический парораспределитель. Парораспределитель, состоящий из внешнего корпуса и внутреннего сердечника, при этом внешний корпус и внутренний сердечник остаются концентричными.

蒸汽分配器 / 蒸汽等干度分配器(steam regulator) 在注蒸汽热采过程中,对每口注汽井在地面配注蒸汽的装置,目的是使各井蒸汽干度一致。

Парораспределитель/парорегулятор. Устройство, распределяющее нагнетаемый пар для каждой паронагнетательной скважины в процессе нагнетания пара с целью обеспечения соответствия сухости пара во всех скважинах.

四参数测试仪(four-parameter tester) 能同时测量蒸汽在井筒不同深度(位置)的温度、压力、干度和流量四个参数的测试仪器。

Четырехпараметрический тестер. Тестер, который может одновременно измерять температуру, давление, сухость и поток пара на разных глубинах (положениях) в стволе скважины.

直读式光纤参数测试仪(optical fiber parameter tester) 一种能同时直接读取井筒不同位置温度、压力的测试仪器,该仪器可通过光纤实时将井下温度、压力数据传输至地面。

Прямопоказывающий прибор параметров с помощью оптического волокна. Прибор, который может одновременно и напрямую определять значение температуры и давления в разных точках ствола скважины, и может передавать данные о температуре и давлении в скважине на поверхность в режиме реального времени с помощью оптического волокна.

移动式电点火器（mobile electric igniter）由加热电阻、过渡导线及电缆依次连接在一起预制在连续管内，形成等径的加热及电力传输于一体的点火装置，该装置可在多井间重复使用。

Мобильный электрический воспламенитель Устройство воспламенения, имеющее функцию однородного нагрева и электропередачи на основе последовательного соединения нагревательного резистора, переходного провода и кабеля, и их сборки в ГНКТ.

点火器下入系统（igniter deployment system）用于带压起、下点火器的专用设备，主要由驱动系统、滚筒、导向器、注入头、防喷系统及控制系统等组成。

Система опускания воспламенителя. Специальное оборудование, используемое для подъема и спуска воспламенителя под давлением, в основном состоящее из системы привода, барабана, навигационного аппарата, головки нагнетательного аппарата, противовыбросной системы и системы управления.

井下气体点火器（downhole gas burner）火烧油层时进行人工点火的装置，利用同心管柱，天然气自中心管注入，空气自环空注入，天然气和空气在燃烧室混合燃烧放热，实现油层燃烧。

Внутрискважинная газовая горелка. Устройство для искусственного зажигания при внутрипластовом горении с использованием концентрических колонн для нагнетания природного газа через центральную трубу и нагнетания воздуха через затрубное пространство, которые смешиваются и сжигаются в камере сгорания для выделения тепла с целью осуществления внутрипластового горения.

井筒加热器（wellbore heater）　开采稠油、高凝油及高含蜡原油时，在井下进行加热的装置。一般是采用电加热，分活动式和固定式两种。

Нагреватель ствола скважины.　Устройство для нагрева в скважине во время добычи вязкой нефти, нефти с высокой температурой застывания и сырой нефти с высоким содержанием парафинов. Как правило, используется электронагреватель, который делится на два типа: подвижный и стационарный.

防砂筛管（sand control screen） 能阻挡地层砂或砾石填料，而允许流体进入生产管中的机械过滤装置。

特种不锈钢防砂筛管/TBS防砂筛管（TBS sand control screen） 用套管或油管作为基管，在基管上按一定规则打孔并在高温高压条件下，将金属纤维烧结在打孔基管上，形成立体网状滤砂屏蔽的机械过滤装置。该装置能使原油及小于0.07 mm的细粉砂通过，并随油流一起被携出井筒，而较大粒径的粗砂被阻挡在筛管外，形成自然的挡砂屏蔽，从而达到防砂的目的。TBS是汉语缩写：特种（T）不锈钢（B）筛管（S）。

蓄热式氧化炉尾气处理装置（regenerative thermal oxidizer，RTO） 一种将尾气预热到一定温度（760～850℃）后，在燃烧室内氧化生成二氧化碳和水的尾气处理装置。

Противопесочный фильтр. Механическое фильтрующее устройство, блокирующее вынос песка из пласта, обеспечивая поступление флюидов в насосно-компрессорную трубу.

Противопесочный фильтр из специальной нержавеющей стали / противопесочный фильтр TBS. Механическое устройство фильтрации, использующее обсадную трубу или НКТ в качестве базовой трубы с перфорированием на ней в соответствии с определенным правилом и спеканием металлических волокон на перфорированной базовой трубе, в условиях высокой температуры и высокого давления с целью формирования объемного сетчатого экрана для фильтра песка. Данное устройство позволяет пропускать через себя сырую нефть и мелкозернистый алевралит с диаметром частицы менее 0,07 мм, и выносить из ствола скважины вместе с потоком нефти, в то время как более крупнозернистый песок блокируется снаружи, образуя естественный защитный экран, для достижения цели борьбы с выносом песков.

Устройство для обработки дымовых газов регенеративного термического окислителя. Устройство для обработки хвостовых газов, которое предварительно нагревает хвостовые газы до определенной температуры (около 760–850℃) и окисляет их в камере сгорания с образованием углекислого газа и воды.

火驱尾气脱除挥发性有机物装置（VOCs removal system of fire-flooding tail gas） 一种用于处理含中低浓度挥发性有机物尾气的节能型环保装置,主要包括脱硫塔和催化氧化反应器,采用脱硫塔脱除无机硫,控制总硫量小于 10×10^{-6},利用热氧化法处理中低浓度的有机废气,并用换热器回收热量。

湿式氧化法硫化氢处理装置/湿法脱硫装置（H₂S treatment system based on wet oxidation） 一种以螯合铁离子溶液作为吸收液,吸收油田伴/次生气中 H₂S,富集并分离硫黄的装置。该装置可通过空气还原铁离子实现吸收液循环使用,主要包括吸收塔、氧化塔和硫黄分离器等。

Система удаления летучих органических соединений из дымового газа при внутрипластовом горении. Это энергосберегающее и экологически безопасное устройство для обработки хвостового газа, содержащего низкую концентрацию летучих органических соединений. В основном представляет из себя аппарат десульфурации и реактор каталитического окисления. Применяется аппарат десульфурации для удаления неорганической серы с целью контроля общего содержания серы на уровне менее 10×10^{-6}. Метод термического окисления применяется для обработки низкоконцентрированных органических отходных газов, с помощью теплообменника осуществляется рекуперация тепла.

Устройство очистки сероводорода мокрым методом окисления/устройство мокрой сероочистки. Устройство, использующее раствор хелатного иона железа в качестве абсорбирующей жидкости для поглощения H₂S из попутного/вторичного газа, обогащения и отделения серы. Данное устройство может осуществлять циркуляционное использование абсорбционной жидкости путем восстановления ионов железа контактом с воздухом и в основном включает абсорбционную колонну, колонну окисления и сепаратор серы.

第二章 化学驱提高石油采收率

Часть II. Повышение коэффициента извлечения нефти методом химического заводнения

化学驱提高石油采收率通用词汇

Общепринятые термины в области повышения коэффициента извлечения нефти методом химического заводнения

化学驱提高石油采收率(chemical flooding enhanced oil recovery) 在注入的水中加入与油层条件配伍的化学剂,在地面使用专门的注入设备将其注入油藏中驱替原油,以提高原油采收率的技术,又称化学驱油。

Химический метод повышения коэффициента извлечения нефти. Технология повышения нефтеотдачи, основанная на добавлении к закачиваемой воде химических реагентов, совместимых с характеристикой нефтяного пласта, и нагнетание их специальным оборудованием в залежь для вытеснения нефти, также известна как химическое заводнение.

化学驱油剂 / 驱油体系(chemical flooding agent) 从注入井注入储层,可提高原油采收率的化学剂或化学体系。

Химический вытесняющий реагент/ система вытеснения нефти. Химический реагент или химическая система, нагнетаемая в пласт через нагнетательную скважину для повышения нефтеотдачи.

化学驱油体系界面性能(interfacial properties of chemical flooding agent) 化学驱油体系与地层岩石、原油间的吸附、界面张力、乳化等物理化学性质。

Межфазные свойства агента химического вытеснения нефти. Физико-химические свойства, такие как адсорбция, межфазное натяжение, эмульгирование между системой химического вытеснения нефти, породой пласта и сырой нефтью.

表面张力(surface tension) 液体—气体表面接触层由于分子引力不均衡而产生的沿表面作用于任一界线上的张力,单位为 mN/m。

Поверхностное натяжение. Натяжение, действующее на любую граничную линию вдоль поверхности жидкости и газа из-за неуравновешенного молекулярного притяжения поверхности контакта жидкость-газ, единица измерения мН/м.

界面张力(interfacial tension , IFT) 当两种不相混溶的液体或液体 – 固体接触时,界面上分子由于受力不平衡而引起的力,即作用在单位长度液体界面上的收缩力,单位为 mN/m。

Межфазное натяжение. Сила, вызванная неуравновешенной силой, действующей на молекулы на поверхности границы, когда две несмешивающиеся жидкости или жидкость-твердое тело находятся в контакте, то есть сила сжатия, действующая на поверхность границы жидкостей единичной длины, в мН/м.

超低界面张力(ultralow interfacial tension) 由于表面活性剂和相应添加剂在两个不混相液体界面间的定向吸附而引起的界面张力,通常数值在 $10^{-2} \sim 10^{-1}$ mN/m,称为低界面张力,数值低于 10^{-3} mN/m,称为超低界面张力。

Сверхнизкое межфазное натяжение. Межфазное натяжение, вызванное ориентированной адсорбцией поверхностно-активных веществ и соответствующих добавок между поверхностями двух несмешивающихся жидкостей, как правило, когда значение составляет от 10^{-2} до 10^{-1} мН/м, называется низким межфазным натяжением, когда значение ниже 10^{-3} мН/м, называется сверхнизким межфазным натяжением.

临界胶束浓度(critical micellar concentration, CMC) 表面活性剂在溶液中形成胶束并使界面性质发生突变时的浓度。

Критическая концентрация мицелло-образования. Концентрация, при которой поверхностно-активное вещество образует мицеллы в растворе и резко изменяет межфазные свойства.

胶束溶液(micellar solution) 表面活性剂浓度大于临界胶束浓度的溶液。此时溶液中开始大量形成表面活性剂分子有序聚集体。

Мицеллярный раствор. Раствор, концентрация поверхностно-активного вещества которого выше критической концентрации мицеллообразования. При этом в растворе начинает образовываться большое количество агрегатов с упорядоченными структурами молекул поверхностно-активного вещества.

胶束结构(micellar structure) 溶液中表面活性剂聚集体的结构。当表面活性剂浓度超过临界胶束浓度时,表面活性剂分子相互缔结形成胶束,有球形、柱形、层状等结构。

Мицеллярная структура. Структура агрегатов поверхностно-активного вещества в растворе. Когда концентрация поверхностно-активного вещества превышает критическую концентрацию мицеллообразования, молекулы поверхностно-активного вещества связываются друг с другом, образуя мицеллы со сферической, столбчатой, слоистой и другой структурой.

界面膜(interfacial film) 在油、水体系中加入表面活性剂后,基于吉布斯(Gibbs)吸附定理,表面活性剂由于界面定向吸附在水相 – 油相的溶剂化层形成的膜。定向吸附意指亲油基朝向油相并与其结合,亲水基朝向水相并与其结合。

Межфазная пленка. Пленка, образованная ориентировочной межфазной адсорбцией поверхностно-активного вещества на сольватационной оболочке водной-нефтяной фазы после добавления поверхностно-активного вещества в систему нефть-вода, основываясь на адсорбционном уравнении Гиббса. Ориентировочная адсорбция обозначает, что олеофильные группы склонны к нефтяной фазе и соединяются с ней, а гидрофильные группы склонны к водной фазе и соединяются с ней.

界面流变性（interfacial rheology）　不同流体接触界面上分子运动的剪切/拉伸变形与剪切/拉伸应力间的函数关系,包括界面剪切黏弹性和界面扩张黏弹性。

Межфазная реология.　Функциональная зависимость сдвига/растяжения и деформации от сдвига/напряжение на изменение молекулярного движения на поверхностях контакта различных флюидов, включая вязкоупругость при межфазном сдвиге и межфазную вязкоупругость при межфазном расширении.

润湿（wetting）　固体表面上的一种流体被另一种流体取代的过程。通常润湿指固体表面上的气体被液体取代或一种液体被另一种液体取代。

Смачивание.　Процесс, при котором один флюид на твердой поверхности заменяется другим флюидом. Смачивание обычно подразумевает замену газа на поверхности твердого вещества жидкостью или замену одной жидкости другой.

水相润湿（water phase wetting）　在岩石中存在油水两相时,水能优先润湿储层岩石的现象。

Смачивание водной фазой.　Явление, когда вода преимущественно смачивает породы пласта при существовании водной и нефтяной фаз в породе.

油相润湿（oil phase wetting）　在岩石中存在油水两相时,油能优先润湿储层岩石的现象。

Смачивание нефтяной фазой.　Явление, когда нефть преимущественно смачивает породы пласта при существовании водной и нефтяной фаз в породе.

混合润湿（mixed wetting）　油藏岩石的部分孔隙通道表现为水湿,而部分表现为油湿的现象。

Смешанное смачивание.　Явление, когда часть поровых каналов в породах пласта смачивается водой, а часть смачивается нефтью.

润湿反转（wettability alteration）　岩石表面在一定条件下亲水性和亲油性互相转化的现象。

Переключение смачиваемости.　Явление переключения гидрофильности и олеофильности на поверхности породы при определенных условиях.

吸附(adsorption) 在两相或者多相体系中,例如气—固、液—固、气—液、液—液等,气体或溶质分子在相界面上的浓度变化,即气体或液体中的溶质分子在相界面层中的浓度与体相浓度出现差异的现象。在界面上的浓度高于体相,称为正吸附,反之,称为负吸附。

Адсорбция. Изменение концентрации молекул газа или растворенного вещества на границе раздела фаз в двухфазной или многофазной системе, такой как газ-твердое тело, жидкость-твердое тело, газ-жидкость, жидкость-жидкость и т. д., то есть явление разницы между концентрацией молекул растворенного вещества в газе или жидкости на слое поверхности раздела фаз и объемной концентрацией фазы. Концентрация на границе раздела выше, чем объемная концентрация фазы, что называется положительной адсорбцией и, наоборот, отрицательной адсорбцией.

乳化剂(emulsifier) 使互不相溶的液体形成稳定乳状液的物质。乳化剂通过在界面上吸附,形成保护膜和扩散双电层,阻止分散相的相互合并,从而使乳状液具有稳定性。

Эмульгатор. Вещество, обеспечивающее создание стабильных эмульсий из несмешивающихся жидкостей. Эмульгатор адсорбируется на поверхности раздела с образованием защитной пленки и диффузионного двойного электрического слоя, препятствующего взаимному слиянию дисперсных фаз, в результате чего эмульсия обладает стабильностью.

乳化(emulsification) 乳化是液—液界面现象,指一种液体以微小液滴分散在另一种不相溶液体中的过程。

Эмульгирование. Это явление на поверхности раздела жидкость-жидкость, представляет собой процесс, в котором одна жидкость диспергируется в другой несмешивающейся жидкости в виде мелких капель.

自发乳化（auto-emulsification） 在无外力作用下两种不相混溶的液体形成乳状液的现象，如无外力作用时油相与水相混合后产生水包油或油包水乳状液的现象。

乳状液（emulsion） 两种不相混溶的液体通过化学或物理方法，一种液体以液滴的形式分散于另一种液体中的多相分散体系。以液滴形式存在的相为分散相（或称内相），另一相为连续相（或称外相）。

水包油乳状液（oil-in-water emulsion） 油相以液滴（分散相）的形式分散在水相（连续相）中的乳状液。通常记作 O/W 型乳状液。

油包水乳状液（water-in-oil emulsion） 水相以液滴（分散相）的形式分散在油相（连续相）中的乳状液。通常记作 W/O 型乳状液。

Самопроизвольное эмульгирование. Явление создания эмульсии из двух несмешивающихся жидкостей без воздействия внешней силы, например, явление создания эмульсии типа "нефть в воде" или "вода в нефти" при смешивании нефтяной фазы и водной фазы без воздействия внешней силы.

Эмульсия. Многофазная дисперсионная система, в которой две несмешивающиеся жидкости диспергированы в виде капель в другой жидкости химическими или физическими методами. Фаза, существующая в виде капель, является дисперсной фазой (или внутренней фазой), а другая фаза является сплошной фазой (или внешней фазой).

Эмульсия типа "нефть в воде". Эмульсия, в которой нефтяная фаза диспергирована в водной фазе (сплошная фаза) в виде капель (дисперсная фаза). Обычно записывается как эмульсия Н/В.

Эмульсия типа "вода в нефти". Эмульсия, в которой водяная фаза в виде капель (дисперсная фаза) диспергирована в нефтяной фазе (постоянной сплошной фазе). Обычно записывается как эмульсия В/Н.

乳状液稳定性（emulsion stability） 乳状液稳定性指反抗分散相聚集的能力。乳状液的制备过程是使分散相以液滴的形式分散在连续相中，这是自由能增加的过程，因此乳状液具有热力学不稳定性。

油水乳状液分水率（water-separation rate by emulsion） 乳状液分离出的水相体积与水相总体积的比值。

乳化能力（emulsifying ability） 乳化原油的能力。

乳化综合指数（emulsification comprehensive index） 表征驱油剂乳化综合性能的参数。

化学驱体系稳定性（chemical flooding agent stability） 化学剂分子在经受时空、物理、生物和化学的作用下，保持原有性质及分子结构和形态的能力。

Стабильность эмульсии. Агрегативная эмульсионная устойчивость подразумевает способность противостояния агрегации дисперсных фаз. Процесс приготовления эмульсии заключается в диспергировании дисперсных фаз в виде капель (как правило частиц высокой дисперсности) в сплошной среде, поэтому эмульсии являются термодинамически нестабильными, так как имеют невысокие показатели межфазного натяжения.

Коэффициент водоотделения эмульсии нефти и воды. Отношение объема водной фазы, отделенной от эмульсии к общему объему водной фазы.

Эмульгирующая способность. Способность пластовой нефти образовывать устойчивые эмульсии.

Комплексный индекс эмульгирования. Параметр, характеризующий комплексную эффективность эмульгирования вытесняющего агента.

Стабильность химических вытесняющих агентов (веществ). Способность молекул вытесняющих агентов сохранять свои первоначальные свойства, молекулярную структуру и форму под воздействием окружающей среды, термодинамических и кинематических процессов, различных химческих реагентов и систем, а также оставаться стабильными под биологическим воздействием.

配伍性（compatibility）　化学驱体系中各成分间或体系与环境间的相容性。

Совместимость. Приспособляемость отдельных компонентов химических вытесняющих агентов друг к другу или агентов к окружающей среде.

流度（mobility）　流体在油层岩石中流动难易程度的指标。在油藏中,岩石对某一流体的渗透率与其黏度的比值就是该流体的流度,单位为 mD/（mPa·s）。

Подвижность. Показатель, отражающий процесс течения флюидов в породах нефтяного пласта. В условии залежи подвижность флюида (или вытесняющего агента) представляет собой отношение проницаемости породы к вязкости флюида/вытесняющего агента мД/(мПа·с).

流度比（mobility ratio）　在孔隙介质中一种流体相对于另一种流体流动的难易程度的指标,通常指驱替流体流度与被驱替流体流度的比值。

Коэффициент подвижности. Показатель, отражающий процесс течения одного флюида относительно другого флюида в пористой среде, обычно определяется как отношение подвижности вытесняющего флюида к подвижности вытесняемого флюида.

流度控制剂（mobility–control agent）　通过改变驱替介质的流度,调整驱替介质与原油的流动能力,提高驱替介质波及体积的化学剂。

Реагент для контроля подвижности. Химический реагент, регулирующий способность течения вытесняющего агента и сырой нефти путем изменения подвижности вытесняющего агента и повышающий объем охвата вытесняющим агентом.

波及体积（conformance volume）　驱替介质在油藏中宏观波及的储层体积。

Объем охвата. Объем пласта, макроскопически охваченный вытесняющим агентом в залежи.

波及系数（conformance factor）　驱替介质在油藏中宏观波及的储层体积占井网控制的油藏总体积的百分数。可以将其分解为纵向波及系数和横向波及系数的乘积:

Коэффициент охвата. Процент (доля) объема продуктивного пласта, макроскопически охваченного вытесняющим агентом к общему объему залежи, охваченной сеткой скважин. Он равен произведению коэффициентов продольного и поперечного охвата:

$$E_v = E_a \cdot E_i$$

式中：E_a—横向波及系数，表示驱替介质所波及的含油面积占注入井和生产井之间所控制含油面积的百分数；E_i—纵向波及系数，表示驱替介质在垂向上波及的油层厚度占开发油层总厚度的百分数。

$$E_v = E_a \cdot E_i$$

Где, E_a–коэффициент латерального охвата, представляющий процент нефтеносной площади, охваченной вытесняющим агентом, от нефтеносной площади, охваченной между нагнетательной и добывающей скважинами; E_i–коэффициент вертикального охвата, представляющий процент толщины нефтяного пласта, охваченной вытесняющим агентом по вертикали от общей толщины разрабатываемого нефтяного пласта.

阻力系数（resistance factor） 相对于水驱，反映化学体系流动能力降低的指标，数值为水相与化学体系流度之比。

Фактор сопротивления. Показатель, отражающий снижение способности течения химических вытесняющих агентов относительно заводнения, величина которого представляет собой отношение подвижности водной фазы к подвижности химических вытесняющих агентов.

残余阻力系数（residual resistance factor） 反映化学体系降低孔隙介质渗流能力的指标，数值为岩心中注入化学体系前、后的水测渗透率之比。

Фактор остаточного сопротивления. Показатель, отражающий способность вытесняющих агентов к уменьшению фильтрации поровых сред. Величина фактора остаточного сопротивления представляет собой отношение проницаемостей по воде на кернах до и после закачки химических реагентов.

油墙(oil bank)　在驱油过程中,驱油剂前沿形成的富集含油带。油墙的形成是驱油剂驱油见效的重要标志之一。

Нефтяной вал.　Обогащенная нефтью зона, образовавшаяся на фронте вытесняющих агентов в процессе вытеснения нефти. Образование нефтяного вала является одним из важных признаков эффективности воздействия вытесняющих агентов.

不可及孔隙体积(Inaccessible Pore Volume,IPV)　孔隙介质中化学体系不能进入的小孔隙体积之和。

Недоступный поровый объем.　Суммарный объем малых пор в пористой среде, куда химический реагент не способен проникнуть.

水流优势通道(predominant water channel)　在油田注水开发过程中,由于油层的原始非均质性及长期注入水的冲刷,在储集层中形成的水流高渗带。

Преимущественный канал для потока воды.　Высокопроницаемая полоса в коллекторе, сформированная в процессе заводнения из-за исходной неоднородности нефтяного пласта и долгосрочного промыва закачиваемой водой.

纳米驱油剂(nano-sized oil-displacement agent)　经表面改性修饰的、纳米级尺寸的、能用于提高原油采收率的化学剂。

Наноразмерный вытеснящий агент.　Модифицированный наноразмерный химический реагент, используемый для повышения нефтеотдачи пластов.

聚合物驱

Полимерное заводнение

聚合物驱(polymer flooding)　用水溶性高分子聚合物增加水的黏度,并将其作为油田开发注入剂以提高原油采收率的方法。

Полимерное заводнение.　Метод повышения нефтеотдачи пластов за счет использования водорастворимого высокомолекулярного полимера с целью повышения вязкости воды и последующего ее нагнетания в качестве закачивающего вытесняющего агента во время разработки нефтяных месторождений.

聚合物（polymer） 由多个单体组成的高分子化合物，通常分为人工合成的聚合物和天然的生物聚合物。

Полимер. Высокомолекулярное соединение, состоящее из множества звеньев мономеров. Полимеры делятся на синтетические и природные биополимеры.

聚丙烯酰胺（polyacrylamide，PAM） 由丙烯酰胺单体通过自由基引发均聚或者与其他单体共聚制得的产物，分为阴离子型聚丙烯酰胺、阳离子型聚丙烯酰胺、复合离子型聚丙烯酰胺。

Полиакриламид. Продукт, полученный гомополимеризацией мономера акриламида, вызванной свободным радикалом или сополимеризацией с другими мономерами, делится на анионный полиакриламид, катионный полиакриламид, амфотерный полиакриламид и т. д.

疏水缔合聚合物（Hydrophobic Associating Polymer，HAP） 由亲水单体与少量疏水单体共聚而产生的水溶性高分子聚合物。在水溶液中，聚合物浓度高于某一临界浓度时，聚合物分子链通过疏水基团的疏水作用形成以分子间缔合为主的超分子结构，其溶液黏度大幅度提高。

Гидрофобно-ассоциированный полимер. Водорастворимый полимер, полученный путем сополимеризации гидрофильных мономеров и небольшого количества гидрофобных мономеров. В водном растворе, когда концентрация полимера выше критической концентрации, молекулярная цепь полимера образует надмолекулярную структуру, в которой преобладает межмолекулярная ассоциация за счет гидрофобного взаимодействия гидрофобных групп, и вязкость раствора сильно возрастает.

生物聚合物（biopolymer） 通过生物发酵产生的水溶性高分子聚合物。

Биополимер. Водорастворимый высокомолекулярный полимер, полученный путем биологической ферментации.

共聚物（copolymer） 由两种或多种单体共聚形成的水溶性高分子聚合物。

Сополимер. Водорастворимый высокомолекулярный полимер, образованный сополимеризацией двух или более мономеров.

接枝共聚物（graft copolymer）　在聚合物主链上经接枝一种或多种单体共聚而成的水溶性高分子聚合物。

驱油用聚合物性能（properties of polymer for chemical flooding）　化学驱提高原油采收率使用的高分子聚合物应具有的性能。一般驱油用聚合物应具有良好的水溶性、增黏性、流变性、黏弹性、注入性和稳定性等。

固含量（solid content）　聚合物的有效含量百分数，即在规定条件下烘干后剩余部分占总量的质量百分数。

聚合物线团平均尺寸（average dimension of polymer coil）　聚合物分子在溶剂中的平均尺寸，它受溶剂性质的影响。例如，溶剂矿化度越高，聚合物分子线团平均尺寸相对越小，反之亦然。

聚丙烯酰胺水解度（hydrolysis degree of polyacrylamide）　羧酸基团在聚丙烯酰胺分子链节中占据的百分数。

Привитый сополимер.　Водорастворимый высокомолекулярный полимер, сополимеризованный путем прививки одного или нескольких мономеров к основной цепи полимера.

Свойства полимера для химического заводнения.　Свойства, которыми должны обладать высокомолекулярные полимеры, используемые при химическом заводнении для повышения нефтеотдачи пластов. Как правило, полимер, используемый для вытеснения нефти, должен обладать хорошей растворимостью в воде, вязкостью, реологическими свойствами, фильтруемостью и стабильностью.

Содержание твердого вещества.　Процент содержания эффективного вещества полимера, то есть массовый процент оставшейся части от общей массы после проведения сушки.

Средний размер полимерного клубка.　Средний размер молекул полимера в растворителе, на который влияют свойства растворителя. Например, чем выше минерализация растворителя, тем относительно меньше средний размер молекулярных клубков полимера, и наоборот.

Степень гидролиза полиакриламида.　Процентное содержание карбоксильных групп в молекулярной цепи полиакриламида.

黏均相对分子质量(viscosity average relative molecular weight) 测定聚合物溶液黏度后,根据 Mark-Houwink 方程计算出的参数称为黏均相对分子质量。

特性黏数(inherent viscosity number) 通常以黏数和对数黏数在无限稀释时的外推值作为溶液黏度的量度,用 η 表示,这个外推值即为特性黏数(亦称"特性黏度")。特性黏数的值与浓度无关,其量纲是浓度的倒数。

马克-霍温克方程(Mark-Houwink Equation) 表征溶液特性黏数和相对分子质量关系的经验公式。

$$[\eta]=KM^a$$

式中:η—聚合物溶液的特性黏度,dL/g;M—聚合物的分子量;K 和 a—马克-霍温克参数,与聚合物种类、溶剂种类和温度有关。对于给定温度下的某种聚合物溶液,在一定分子量范围内,K 和 a 是与分子量无关的常数。

Средневязкостная относительная молекулярная масса полимера. Параметр, рассчитанный на основе характеристической вязкости уравнения Марка–Хаувинка.

Предельное число вязкости. В качестве величины измерения вязкости раствора используется экстраполированное значение числа вязкости и логарифмического числа вязкости при бесконечном разбавлении, которое обозначается как η. Это значение также называется как "характеристическая вязкость" и не зависит от концентрации, а ее размерность представляет собой обратное число концентрации.

Уравнение Марка–Хаувинка. Эмпирическая формула, характеризующая зависимость характеристической вязкости раствора и относительной молекулярной массы.

$$[\eta]=KM^a$$

Где, η-характеристическая вязкость полимерного раствора, в децилитр на грамм (Л/г); M-молекулярная масса полимера; K и a-параметры Марка–Хаувинка, которые зависят от типов полимера, типов растворителя и температуры. Для раствора какого-то типа полимера при заданной температуре, в условии определенного диапазона молекулярных масс. K и a являются константами, не зависящими от молекулярной массы.

聚合物溶液熟化(polymer solution aging)将配制成的聚合物溶液进行静置、充分溶解的过程。聚合物的溶解分散过程需要经过"溶胀"和"扩散"两个阶段。

Созревание полимерного раствора. Процесс отстаивания и полного растворения приготовленного полимерного раствора. Процесс растворения и диспергирования полимеров должен пройти две стадии: "набухание" и "диффузия".

聚合物水溶液黏度(polymer solution viscosity)　聚合物水溶液内摩擦阻力的度量,为溶液受到剪切作用时的剪切应力与剪切应变之比,单位为 mPa·s。

Вязкость водного раствора полимера. Величина внутреннего трения в водном растворе полимера, представляет собой отношение напряжения сдвига к скорости сдвига, когда раствор подвергается сдвигу, в мПа·с.

聚合物溶液流变性(polymer solution rheology)　高分子聚合物溶液在外力作用下黏度与剪切速率或拉伸速率之间的关系。

Реология раствора полимера. Зависимость вязкости раствора полимера от скорости сдвига или растяжения под действием внешних нагрузок.

聚合物溶液黏弹性(polymer solution viscoelasticity)　聚合物溶液兼具黏性和弹性的性质,黏弹性与分子的柔性直接相关,分子链柔性越强,则黏弹性越明显。

Вязкоупругость полимерного раствора. Раствор полимера обладает как вязкими, так и упругими свойствами. Вязкоупругость напрямую связана с гибкостью молекулярной цепи, чем сильнее гибкость молекулярной цепи, тем более заметна вязкоупругость.

黏弹效应(viscoelastic effect)　因材料或流体的黏弹性而引起的物理现象。由于(柔性)聚合物溶液具有的黏弹性使其通过孔隙介质时,在较低速度范围表现为假塑性,在高速范围却表现为胀流性。

Вязкоупругий эффект. Физическое явление, вызванное вязкоупругостью материала или вязкого флюида. Благодаря вязкоупругим свойствам при прохождении полимерного раствора через пористую среду он проявляет псевдопластичность в области низких скоростей и расширяемость в области высоких скоростей.

筛网系数（Screening Factor, SF） 一种度量聚合物溶液黏弹性的参数。用筛网黏度计分别测量聚合物溶液和溶剂流过筛网的时间,二者之比即为筛网系数。

Скрин-фактор. Параметр, измеряющий вязкоупругость растворов полимера, набравших свою структуру. Скрин-фактор определяется как отношение времени прохождения раствора полимера через сито к времени прохождения растворителя.

过滤因子（filtration factor） 评价驱油聚合物的注入性和溶解性的关键指标,以聚合物溶液在恒压下通过一定孔径滤膜后过滤量的变化作为度量。

Фактор фильтрации. Ключевой показатель для оценки приемистости и растворимости полимеров, применяемых для вытеснения нефти. Фактор фильтрации определяется как изменение объема фильтрации полимерного раствора после прохождения через фильтрующую мембрану с определенной апертурой под постоянным давлением.

聚合物吸附（polymer adsorption） 聚合物分子因静电或氢键作用而集聚在岩石矿物固体表面的现象。

Адсорбция полимера. Агломерация молекул полимеров на твердой поверхности горных пород под действием водородных связей или двойного электрического слоя (ДЭС).

聚合物滞留（polymer retention） 聚合物溶液通过多孔介质时,因吸附、机械捕集或水动力作用,而使聚合物分子在岩石表面滞留的现象。

Удержание полимера. Явление удерживания молекул полимера на поверхности породы вследствие адсорбции, механического удерживания или гидродинамического воздействия, когда полимерный раствор проходит через пористую среду.

聚合物降解（polymer degradation） 聚合物分子链在各种环境条件下发生断裂从而使其相对分子质量降低,或者分子链的结构形态发生变化从而引起溶液黏度降低的现象。

Деструкция полимера. Явление снижения относительной молекулярной массы молекулярной цепи полимера в результате ее разрыва при различных условиях окружающей среды или снижения вязкости раствора из-за изменения структуры и формы молекулярной цепи.

聚合物热稳定性（thermal stability of polymer solution） 聚合物溶液在热作用下保持其原有性质的能力。

聚合物剪切稳定性（shear stability of polymer solution） 聚合物溶液经剪切力作用保持其原有性质的能力。

聚合物驱注入量（injection volume of polymer flooding） 聚合物驱时注入油层的聚合物溶液量,通常以油藏孔隙体积倍数计量。

聚合物段塞（polymer slug） 注入油层或岩心的不同分子量、不同浓度的聚合物溶液所形成的连续驱油体系单元。

注聚浓度（injected polymer concentration） 注入单位体积聚合物溶液中所含聚合物的质量。

注聚黏度（injected polymer viscosity） 注入聚合物溶液的黏度。

注聚速度（injected polymer rate） 每年向目的层中注入聚合物溶液的量相当于孔隙体积的倍数,单位为 PV/a。

聚合物的水不溶物含量（insoluble content of polymer） 在规定的溶解条件(水、浓度、溶解时间及搅拌速率)下,聚合物中没有完全溶解的部分所占的质量百分数。它是直接影响聚合物注入性能的一个重要指标。

Термостабильность полимерного раствора. Способность раствора полимера сохранять первоначальные свойства под действием высокой температуры.

Устойчивость полимерного раствора к сдвигу. Способность раствора полимера сохранять свои первоначальные свойства при сдвиге.

Объем закачки полимеров. Объем полимерного раствора, закачиваемого в продуктивный пласт во время полимерного заводнения, обычно измеряется как кратное число порового объема коллектора объекта.

Полимерные оторочки. Непрерывно закачиваемые вытесняющие агенты, образованные растворами полимеров с разной молекулярной массой и концентрацией, нагнетаемые в продуктивную нефтенасыщенную породу.

Концентрация закачиваемого полимера. Масса полимера, содержащегося в закачиваемом полимерном растворе на единицу объема.

Вязкость закачиваемого полимера. Вязкость закачиваемого раствора полимера.

Скорость закачки полимера. Отношение объема закачиваемого полимерного раствора в целевой пласт за один год к поровому объему, в PV/год.

Содержание нерастворимых в воде веществ полимера. Массовая доля (массовый процент) нерастворимых в воде веществ полимера при установленных условиях растворения (вода, концентрация, время растворения и скорость растворения). Это показатель, влияющий на свойства закачиваемого полимера.

聚合物的残余单体含量(residual monomer content of polymer) 由于聚丙烯酰胺完全无毒,而丙烯酰胺单体具有毒性。聚合物产品在合成过程中还会残存一定量的未反应的丙烯酰胺单体,将造成环境污染,影响人体健康。当残余丙烯酰胺单体含量小于 0.1% 时,对人体健康的危害作用变得轻微。

Содержание остаточного мономера в полимерах. Полиакриламид является нетоксичным полимером, но его мономер акриламид-токсичен. Во время синтеза полимерного продукта (полиакриламида) всегда присутствует неопределенное количество непрореагировавших мономеров акриламида, что может привести к негативному влиянию на окружающую среду и организм человека. Негативное влияние на здоровье человека мономера акриламида становится незначительным при остаточном проценте мономера в процессе синтеза менее 0,1%.

表面活性剂驱

Заводнение поверхностно-активным веществом

表面活性剂驱(surfactant flooding) 向油层中注入表面活性剂和相关试剂形成的水溶液驱替原油以提高原油采收率的技术。表面活性剂驱油的基本原理是降低界面张力、胶束增溶和改变岩石表面润湿性,使岩石孔隙中的剩余油流动从而提高原油采收率。

Заводнение поверхностно-активным веществом. Технология закачки водного раствора поверхностно-активного вещества и других реагентов в нефтяной пласт для вытеснения нефти с целью повышения нефтеотдачи. Основной принцип заводнения поверхностно-активным веществом заключается в снижении межфазного натяжения, мицеллярной солюбилизации и изменении смачиваемости поверхности породы, чтобы оставшаяся в порах пород нефть становилась подвижной, была возможность ее доотмыть, и тем самым повысить нефтеотдачу.

乳状液驱（emulsion flooding） 向油层注入乳状液驱替原油以提高采收率的技术。

Эмульсионное заводнение. Технология закачки эмульсии в нефтяной пласт для вытеснения нефти с целью повышения нефтеотдачи.

微乳液驱（microemulsion flooding） 以微乳液作为驱油剂的提高采收率方法。

Микроэмульсионное заводнение. Метод повышения нефтеотдачи с использованием микроэмульсии в качестве вытесняющего агента.

表面活性剂（surfactant） 能够改变表/界面张力的化学剂,简称表活剂或活性剂,其分子结构是由亲水的极性基团和亲油的非极性基团组成。

Поверхностно-активное вещество (ПАВ). Химически активное вещество, способное изменять поверхностное/межфазное натяжение, ПАВ имеет молекулярную структуру, состоящую из гидрофильных полярных групп и олеофильных неполярных групп.

阴离子型表面活性剂（anionic surfactant） 在水中电离或解离后由带负电荷基团起表面活性作用的表面活性剂。

Анионное поверхностно-активное вещество. Поверхностно-активное вещество, осуществляющее активацию поверхностей за счет отрицательных заряженных групп в результате электролитической диссоциации в воде.

阳离子型表面活性剂（cationic surfactant） 在水中电离或解离后由带正电荷基团起表面活性作用的表面活性剂。

Катионное поверхностно-активное вещество. Поверхностно-активное вещество, осуществляющее активацию поверхностей за счет положительно заряженной группы частиц в результате электролитической диссоциации в воде.

非离子型表面活性剂（nonionic surfactant） 分子结构中有极性部分和非极性部分,在水中不电离或解离成离子状态的表面活性剂。

Неионогенное поверхностно-активное вещество. Поверхностно-активное вещество, молекулярная структура которого имеет полярную и неполярную часть, и недиссоциирующие в воде на ионы.

孪连表面活性剂（gemini surfactant） 分子链上带有两个以上疏水基团、两个以上亲水基团和一个桥联基团的表面活性剂。

Димерное поверхностно-активное вещество. Поверхностно-активное вещество с двумя или более гидрофобными группами, двумя или более гидрофильными группами и одной мостиковой группой в молекулярной цепи.

高分子表面活性剂（polymeric surfactant） 具有表面活性的高分子化合物。

Высокомолекулярное поверхностно-активное вещество. Высокомолекулярное соединение с поверхностной активностью.

阴离子－非离子型表面活性剂（anionic-nonionic surfactant） 活性作用部分含有阴离子和非离子性质的两性表面活性剂。

Анионно-неионогенное поверхностно-активное вещество. Амфотерное поверхностно-активное вещество, обладающее как анионогенными, так и неионогенными свойствами для активации поверхностей.

阳离子－非离子型表面活性剂（cationic-nonionic surfactant） 活性作用部分含有阳离子和非离子性质的两性表面活性剂。

Катионно-неионогенное поверхностно-активное вещество. Амфотерное поверхностно-активное вещество, обладающее как катионными, так и неионогенными свойствами для активации поверхностей.

含硅表面活性剂（silicon-containing surfactant） 以硅烷或聚硅氧烷作亲油部分的表面活性剂,水溶液的表面张力最低可达 20mN/m 左右。

Кремнийсодержащее поверхностно-активное вещество. Поверхностно-активное вещество с силаном или полисилоксаном в качестве липофильной части, минимальное поверхностное натяжение которого может достигать 20 мН/м.

含氟表面活性剂（fluorine-containing surfactant） 碳氢链中的氢原子被氟原子取代的表面活性剂。其特点是表面活性高,化学性质稳定,耐酸、耐碱、耐氧化剂。

Фторсодержащее поверхностно-активное вещество. Поверхностно-активное вещество, атомы водорода в углеводородной цепи которого заменены атомами фтора. Оно характеризуется высокой поверхностной активностью, стабильными химическими свойствами, кислотостойкостью, щелочестойкостью и стойкостью к окислителям.

助表面活性剂（cosurfactant） 能改变表面活性剂的亲水亲油平衡,影响体系的相态和相性质的化学剂。

Вспомогательные реагенты к поверхностно-активному веществу. Химические реагенты, которые могут изменить гидрофильно-липофильный баланс поверхностно-активных веществ и влиять на фазовое состояние и фазовые свойства композиций.

微乳液（microemulsion） 由油、水、表面活性剂和电解质等组成的透明或半透明的热力学稳定体系。

Микроэмульсия. Прозрачная или полупрозрачная термодинамически стабильная система, состоящая из нефти, воды, поверхностно-активных веществ и электролитов.

上相微乳液（upper-phase microemulsion） 活性平衡体系中仅生成微乳液与水时,此时的微乳液称为上相微乳液。因其密度小于水,在容器中处于水相的上部,故称上相微乳液,它是一种油外相微乳液。

Высокофазная микроэмульсия верхней фазы. Когда в системе активного баланса образуются только микроэмульсия и вода, такая микроэмульсия называется микроэмульсией верхней фазы. Поскольку плотность микроэмульсии ниже воды, она находится над водной фазой в сосуде, поэтому ее называют микроэмульсией верхней фазы, представляет собой микроэмульсию, нефтяная фаза в которой является сплошной.

中相微乳液（middle-phase microemulsion）
与未乳化的油和水平衡共存的微乳液。在
容器中，因密度差，微乳液处于油、水相之
间，故称中相微乳液。体系存在微乳液 -
油和微乳液 - 水两个界面和界面张力。

Среднефазная микроэмульсия.
Микроэмульсия, балансированно
сосуществующая с неэмульгированной
нефтью и водой. В сосуде из-за разницы
плотности микроэмульсия расположена
между нефтяной и водной фазами,
поэтому она называется микроэмульсией
средней фазы. В системе существуют
поверхности микроэмульсии/нефти
и микроэмульсии/воды с межфазным
натяжением.

下相微乳液（lower-phase microemulsion）
仅与未乳化的油平衡共存的微乳液。由
于微乳液密度大于油，在配制微乳液的容
器中，生成的微乳液处于油的下部。下相
微乳液属于水外相微乳液，它与平衡油相
之间存在界面和界面张力。

Микроэмульсия низкой фазы.
Микроэмульсия, балансированно
сосуществующая только с неэмульгированной
нефтью. Поскольку плотность
микроэмульсии больше нефти,
образующаяся микроэмульсия находится под
нефтью в сосуде, в котором приготовлена
микроэмульсия. Микроэмульсия низкой
фазы относится к микроэмульсии,
ее водная фаза является сплошной.
Между микроэмульсией и нефтяной
фазой существует граница раздела фаз и
межфазное натяжение.

润湿反转剂（wettability alteration agent）
能改变固体表面润湿性的表面活性剂。

Агент переключения смачиваемости.
Поверхностно-активное вещество,
изменяющее смачиваемость на твердой
поверхности.

降压增注（injectivity enhancement） 降低
注入井的注入压力，以增大注入量的工艺
措施。

Повышение приемистости за счет снижения
давления закачки. Технологическая
операция по снижению давления закачки
в нагнетательной скважине и увеличению
объема закачки.

增注剂（augmented injection chemical） 有效降低注入压力和增大注入量的化学剂。

Химический реагент для повышения объема закачки. Химический реагент, эффективно снижающий давление закачки и увеличивающий объем закачки.

亲水亲油平衡值（Hydrophile-Lipophile Balance value，HLB） 表示表面活性剂的亲水能力对亲油能力关系的数值。HLB值越小，表面活性剂越亲油，越大则越亲水。

Число гидрофильно-липофильного баланса (ГЛБ). Величина, представляющая отношение гидрофильности к липофильности поверхностно-активного вещества. Чем ниже величина ГЛБ, тем более липофильным является поверхностно-активное вещество, а чем выше, тем более гидрофильным.

离子型表面活性剂克拉夫点（Krafft temperature of ionic surfactant） 离子型表面活性剂溶解度急剧上升时的拐点温度。

Точка Крафта ионогенного поверхностно-активного вещества. Температура в точке перегиба, когда растворимость ионогенного поверхностно-активного вещества резко растет.

胶束增溶（solubilization of micelle） 胶束外侧基团因亲水而向外排列，中心的有机链与烃类结构具有相似相溶性，可将烃类吸附并包裹于胶束之内，增加胶束对烃类溶解度的现象。

Мицеллярная солюбилизация. Явление, при котором внешние группы мицеллы расположены наружу из-за гидрофильности, а органическая цепь в центре имеет аналогичную растворимость со структурой углеводородов, которая может адсорбировать и обволакивать углеводороды в мицелле, увеличивая ее растворимость в углеводородах.

浊点（cloud point） 随温度变化，化学剂从溶解到析出、溶液由透明变混浊所对应的温度点。

Температура помутнения. Температурная точка, при которой происходит процесс от растворения до выпадения химреагента; сопровождается помутнением раствора.

闪点（flash point） 一般指闪火点，是化学剂与外界空气形成混合气与火焰接触时发生闪火并立刻燃烧的最低温度。

Температура вспышки. Понимается самая низкая температура, при которой химическое вещество образует смесь с окружающим воздухом и при контакте с пламенем происходит вспышка— резкое воспламенение.

化学复合驱

Комбинированное химическое заводнение

化学复合驱（combinational chemical flooding）
以聚合物、碱、表面活性剂等两种或两种
以上化学剂配制而成的复合体系作为驱
油剂的提高采收率方法，通常包括二元复
合驱和三元复合驱。

二元复合驱（two-component flooding）
用碱、表面活性剂与聚合物两两组合，以
合适的比例混合成水溶液注入油层提高
原油采收率的技术。

无 碱 二 元 复 合 驱（surfactant/polymer
combination flooding） 以聚合物和表面
活性剂配制而成的复合体系作为驱油剂
提高采收率的技术。

Комбинированное химическое
заводнение. Метод повышения
нефтеотдачи пластов, при котором в
качестве химического вытесняющего
агента применяется комбинированная
система, приготовленная из двух или
более химических реагентов, таких как
полимеры, щелочи и поверхностно-
активные вещества. Обычно,
комбинированное химическое заводнение
подразделяют на двухкомпонентное
химическое заводнение и АСП-
заводнение.

Двухкомпонентное химическое
заводнение. Технология повышения
нефтеотдачи пластов, при которой
щелочь, поверхностно-активное
вещество и полимер комбинируются
попарно, и образуется водный раствор,
путем смешивания в определенной
пропорции, с последующей закачкой в
нефтяные пласты.

ПАВ-полимерное заводнение. Технология
повышения нефтеотдачи пластов,
при которой в качестве химических
вытесняющих агентов применяются
комбинированные системы, состоящие
из полимеров и поверхностно-активных
веществ.

三元复合驱（three-component flooding）
用碱、表面活性剂与聚合物以适当的比例
混合成水溶液注入油层提高原油采收率
的技术。

强碱三元复合驱（sodium hydroxide/surfactant/polymer flooding） 以氢氧化钠、聚合物和表面活性剂配制而成的复合体系作为驱油剂提高采收率的技术。

弱碱三元复合驱（sodium carbonate/surfactant/polymer flooding） 以碳酸钠等弱碱、聚合物和表面活性剂配制而成的复合体系作为驱油剂提高采收率的技术。

非均相复合驱（polymer/surfactant/BPPG flooding） 在常规聚合物、表面活性剂等均相体系中加入黏弹性颗粒形成固液共存非均相体系，以其作为驱油剂提高采收率的技术。

АСП-заводнение. Технология повышения нефтеотдачи, при которой в качестве вытесняющего агента для закачки в продуктивный пласт применяется: водный раствор щелочи, поверхностно-активное вещество и полимер, приготовленные в требуемых пропорциях и концентрациях данных химреагентов.

Сильнощелочное АСП-заводнение. Технология повышения нефтеотдачи, при которой в качестве химического вытесняющего агента для закачки в продуктивный пласт применяется комбинированная система, приготовленная из гидроксида натрия, полимера и поверхностно-активного вещества.

Слабощелочное АСП-заводнение. Технология повышения нефтеотдачи, при которой в качестве вытесняющего агента для закачки в продуктивный пласт применяется комбинированная система, приготовленная из слабой щелочи, такой как карбонат натрия, полимера и поверхностно-активного вещества.

Гетерогенное комбинированное заводнение. Технология повышения нефтеотдачи, при которой в качестве вытесняющего агента для закачки в продуктивный пласт применяется гетерогенная система, приготовленная путем добавления вязкоупругих частиц в гомогенную систему, такую как стандартные полимеры, и поверхностно-активных веществ и т.д.

胶束 / 聚合物体系(micellar/polymer system)

　　由胶束溶液和聚合物溶液组成的驱油体系。首先向油层注入胶束溶液段塞,用于提高微观驱油效率;后续注入聚合物溶液段塞,用于保护胶束段塞并控制流度。

表面活性剂 / 助表面活性剂 / 聚合物体系
(surfactant/cosurfactant/polymer system)
由表面活性剂、助表面活性剂、聚合物溶液组成的驱油体系。通常,表面活性剂使用石油磺酸盐,助表面活性剂使用脂肪醇,聚合物多采用部分水解聚丙烯酰胺。

协同效应(synergism)　　两种或两种以上化学剂复配使用,其效果优于同等条件下每种化学剂单独使用效果的总和。

Мицеллярная/полимерная система. Нефтевытесняющая система, состоящая из мицеллярного раствора и раствора полимера. Сначала в нефтяной пласт закачивается оторочка мицеллярного раствора для повышения эффективности вытеснения нефти микроскопически, затем закачивается оторочка раствора полимера для защиты мицеллярной оторочки и контроля подвижности.

Система поверхностно-активного вещества/вспомогательного вещества/полимера.　Система вытеснения нефти, состоящая из поверхностно-активного вещества, вспомогательного вещества и полимерного раствора. Обычно в качестве поверхностно-активного вещества используется нефтяной сульфонат, в качестве вспомогательного вещества используется жирный спирт, а в качестве полимера используется частично гидролизованный полиакриламид.

Синергетический эффект.　Эффект, получаемый при комбинировании двух или более химических реагентов, когда эффект от их совместного применения выше, чем суммарный эффект при отдельном использовании каждого химического агента в отдельности при прочих равных условиях.

日配注量（daily injection allocation rate） 化学驱过程中,开发方案指标所设定的注入井的每日注入量或注水量,单位为 m^3/d。

Суточный план закачки. Суточный план закачки химреагентов или воды в нагнетательную скважину в процессе химического заводнения, предусмотренный суточным планом компенсации/закачки по данной скважине, в м³/сут.

日实注量（daily actual injection volume） 化学驱过程中,每日实际注入油藏的注入量或注水量,单位为 m^3/d。

Суточный фактический объем закачки. Суточный фактический объем закачки химреагентов или воды в нефтяной пласт в процессе химического заводнения, в м³/сут.

注入水含盐量 / 矿化度（salinity of injected water/salinity） 化学驱过程中,单位体积注入水中所含有的各种盐分的总质量,单位为 mg/L 或 g/L。

Солесодержание/минерализация закачиваемой воды. Общая масса различных солей, содержащихся в единице объема закачиваемой воды/агента в процессе заводнения/химического заводнения пласта, в мг/Л или г/Л.

注入水中钙镁离子含量（calcium and magnesium ion content in injected water） 化学驱过程中,单位体积注入水中所含有钙镁二价阳离子的总质量,单位为 mg/L 或 g/L。

Содержание ионов кальция и магния в закачиваемой воде. Общая масса двухвалентных катионов кальция и магния, содержащихся в единице объема закачиваемой воды в процессе заводнения, в мг/Л или г/Л.

注入聚合物干粉量（amount of polymer dry powder injected） 化学驱过程中,配制所需浓度聚合物溶液使用的纯聚合物干粉的总质量,单位为 t。

Расход сухого порошка полимера. Общая масса сухого порошка чистого полимера для приготовления полимерного раствора требуемой концентрации в процессе химического заводнения, в т.

注入聚合物浓度（injected polymer concentration） 化学驱过程中,注入的单位体积聚合物溶液所含聚合物的质量,单位为 mg/L。

Концентрация закачки полимера. Масса полимера, содержащегося в закачиваемом полимерном растворе на единицу объема в процессе химического заводнения, в мг/Л.

注入黏度(injection viscosity) 化学驱过程中,注入化学驱体系溶液的黏度,单位为 mPa·s。

Вязкость закачки. Вязкость раствора химического вытесняющего агента, закачиваемого в процессе химического заводнения, в мПа·с.

注聚分子量(molecular weight of injected polymer) 在实验室测定的具有统计意义的聚合物黏均分子量。

Молекулярная масса закачиваемого полимера. Средневязкая молекулярная масса полимера, измеряемая в лаборатории и имеющая статистическое значение.

老化黏度保留率(aging viscosity retention) 通常指在油藏条件下保存至少 90d 后,聚合物溶液的黏度保留值与初始黏度的比值,以百分数表示。

Отношение остаточной вязкости к начальной вязкости при старении. Отношение значения остаточной вязкости полимерного раствора после его удерживания в пластовых условиях в течение более 90 дней, к значению начальной вязкости, в %.

注入表面活性剂量(amount of injected surfactant) 化学驱过程中,注入油藏的表面活性剂溶液中纯表面活性剂的总质量,单位为 t。

Количество закачиваемого поверхностно-активного вещества. Это общая масса чистого поверхностно-активного вещества в растворе поверхностно-активного вещества, закачиваемого в пласт при химическом заводнении, в т.

注入表面活性剂浓度(concentration of injected surfactant) 化学驱过程中,注入的单位体积表面活性剂溶液所含纯表面活性剂的质量,单位为 mg/L。

Концентрация закачиваемого поверхностно-активного вещества. Это масса чистого поверхностно-активного вещества, содержащегося в единице объема закачиваемого раствора поверхностно-активного вещества при химическом заводнении, в мг/Л.

注入碱量(amount of injected alkali) 化学驱过程中,注入油藏的化学剂溶液中纯碱的总质量,单位为 t。

Объем закачки щелочи. Общая масса кальцинированной соды в растворе химических реагентов, закачиваемых в нефтяной пласт в процессе химического заводнения, в т.

注入碱溶液浓度（concentration of injected alkali solution） 化学驱过程中,注入的单位体积碱溶液所含纯碱的质量,用%表示。

注入压力（injection pressure） 注入井在注入状态下的井口压力,其数值等于注入泵出口压力减去地面管线的压力损失。

吸水剖面（water absorption profile） 注水井油层水量百分数的纵向分布,反映了油层纵向吸水能力的变化。人工地对油层纵向吸水量分布进行调整,称为调整吸水剖面。

注入剖面测井（injection profile logging） 为了解注水井每个层段或单层的吸水状况而进行的测井,统称为注入剖面测井。主要测量在一定注水压力条件下,每个层段或单层的吸水量。

Концентрация закачиваемого щелочного раствора. Это масса кальцинированной соды, содержащейся в единице объема закачиваемого щелочного раствора в процессе химического заводнения, в % масс.

Давление закачки. Устьевое давление нагнетательной скважины во время нагнетания, его значение равно значению давления на выходе нагнетательного насоса за вычетом потери давления в наземном трубопроводе.

Профиль приемистости. Отражает изменение приемистостей пласта в продольном направлении, и показывает распределение общей приемистости по интервалам в процентном отношении. Искусственное регулирование распределения приемистости по интервалам пласта называется регулирование профиля приемистости.

Каротаж для определения профиля приемистости. Каротаж, проводимый для определения состояния приемистости по каждому интервалу или отдельному слою в нагнетательной скважине. В основном измеряется приемистость по каждому интервалу или отдельному слою в условиях определенного давления закачки.

采出液聚合物浓度（polymer concentration of produced liquid） 化学驱过程中，某一时刻单位体积采出液中所含聚合物的质量，单位为 mg/L。

采出液表面活性剂浓度（surfactant concentration of produced liquid） 化学驱过程中，某一时刻单位体积采出液中所含表面活性剂的质量，单位为 mg/L。

采出液碱浓度（alkali concentration of produced liquid） 化学驱过程中，某一时刻单位体积采出液中所含碱的质量，单位为 mg/L。

存聚率（ratio of polymer stored in reservoir） 化学驱过程中，聚合物注入与采出量的差值与注入聚合物总量的比值，以百分数表示。

吨剂产油（oil production per ton of chemical agent） 化学驱实施后，累计增油量与累计注入化学剂总量的比值，单位为 t/t 或 m^3/t。

Концентрация полимера в добытой жидкости. Масса полимера, содержащаяся в единице объема добытой жидкости при определенном этапе химического заводнения, в мг/Л.

Концентрация поверхностно-активного вещества в добытой жидкости. Масса поверхностно-активного вещества, содержащегося в единице объема добытой жидкости, в мг/Л.

Концентрация щелочи в добытой жидкости. Масса щелочи, содержащейся в единице объема добытой жидкости, в мг/Л.

Коэффициент удерживаемости полимера в пласте. Отношение разницы между количеством закачиваемого и добытого полимера к суммарному количеству закачиваемого полимера в процессе химического заводнения, в %.

Добыча нефти на тонну химического реагента. Это отношение накопленного прироста добычи нефти к суммарному количеству закачиваемых химреагентов после проведения химического заводнения, в т/т или $м^3$/т.

深部液流转向与调驱

Потокоотклоняющая технология в удаленной части пласта и выравнивание профиля приемистости с целью дополнительного вытеснения нефти

调剖（profile control） 从注水井进行封堵高渗透层的作业，以调整注水层段的吸水剖面。

堵水（water shutoff） 在油气井内采取封堵出水层位的措施。堵水方法分为机械法和化学法两类。

深部液流转向（in-depth fluid diversion） 从注入井注入不同类型调驱化学剂，对储层深部高渗透通道形成封堵、增加流动阻力，使后续驱替介质运移方向发生改变的技术。

Выравнивание профиля приемистости. Это операция изоляции высокопроницаемых пластов в нагнетательной скважине для выравнивания профиля приемистости по интервалам закачки.

Изоляция воды. Способ изоляции пластов с водопритоками в нефтегазодобывающей скважине. Метод изоляции воды делится на механический и химический.

Потокоотклоняющая технология в удаленной части пласта. Технология закачки различных агентов с целью блокирования высокопроницаемых каналов в глубинной части коллекторов, увеличения сопротивления потоку и последующего изменения направления перемещения вытесняющих агентов.

深部调驱（in-depth conformance control）
从注入井注入调驱化学剂，封堵储层深部
高渗透通道和区域，迫使后续驱替介质液
流转向，驱替中低渗透区域剩余油，扩大
注入波及体积，提高原油采收率的技术。

Противофильтрационные покрытия с целью вытеснения из удаленной части пласта. Технология увеличения нефтеотдачи путем закачки химических реагентов для выравнивания профиля приемистости с целью вытеснения в нагнетательной скважине, блокирования высокопроницаемых каналов и зон в глубинной части коллектора, тем самым происходит перенаправление вытесняющих агентов (потоков) с целью вытеснения нефти из средне-низкопроницаемых зон и увеличения объема охвата пласта.

多剂多段塞深部调驱（multi-agent and
multi-slug in-depth conformance control）
优化采用多种调驱化学剂段塞组合进行
深部调驱的方法。

Выравнивание профиля приемистости с целью вытеснения в удаленной части пласта с применением разных реагентов и оторочек. Метод выравнивания профиля приемистости с целью вытеснения в глубинной части пласта за счет применения комбинации разных реагентов и оторочек.

分类分级深部调驱（in-depth conformance
control for various water channels） 针对
储层中存在的不同类型、不同级次的水流
优势通道，采用适应的调驱体系和段塞优
化组合以提高深部调驱效果的方法。

Комбинированный метод выравнивания профиля приемистости и потокоотклонения с целью вытеснения в удаленной части пласта. Это применение различных комбинаций подходящих реагентов и оторочек для улучшения эффекта выравнивания профиля приемистости с целью вытеснения в глубинной части пласта, с учетом наличия в коллекторах высокопромытых каналов разных типов.

调驱剂（conformance control agent） 用于调整储层中水流优势通道,扩大波及体积,达到调驱目的的化学剂。包括聚合物凝胶型、吸水体膨颗粒型、聚合物微球型、树脂型、无机沉淀型、泡沫型和微生物型等。

凝胶型调驱剂（gel for conformance control）

由高分子聚合物、交联剂等配制成的溶液在一定条件下发生分子间交联反应形成的具有稳定三维空间网络结构的黏弹体。

吸水体膨颗粒调驱剂（preformed particle gel for conformance control） 吸水体积膨胀但不溶解的预交联高分子固体颗粒。

Реагент выравнивания профиля приемистости с целью вытеснения. Это химический реагент, используемый для выравнивания высокопромытых каналов движения закачиваемой воды в коллекторах, увеличения объема охвата и достижения цели выравнивания профиля приемистости. Включает гелеобразующий полимер, гранулированный расширяющийся реагент, микросферический полимер, полимерную микросферу, смоляной реагент, неорганический осаждающийся реагент, пенообразующийся реагент, микробиологический реагент и т. д.

Сшитый полимер для выравнивания профиля приемистости. Это вязкоупругое вещество со стабильной трехмерной пространственной сетчатой структурой, образованное путем реакции межмолекулярного сшивания в растворе, приготовленном из высокомолекулярных полимеров и сшивающих агентов и других при определенных условиях.

Гранулированный расширяющийся реагент для выравнивания профиля приемистости. Это предварительно сшитые высокомолекулярные твердые частицы, которые расширяются при поглощении воды, но не растворяются в воде.

聚合物微球调驱剂（polymeric microsphere for conformance control） 以乳液或微乳液聚合而成的聚合物微型球体，包括亚毫米、微米、纳米三个尺寸级别。

Микросферический полимер для выравнивания профиля приемистости. Это полимер микросферической формы, полимеризованный эмульсией или микроэмульсией, делится на субмиллиметровые, микронные и нанометровые размеры.

柔性颗粒调驱剂（soft elastic particle for conformance control） 以热塑性材料、乳胶等合成的黏弹性软颗粒。

Синтетический наполнитель для выравнивания профиля приемистости. Синтезированные частицы из термопластичных материалов, латекса и т. д.

泡沫型调驱剂（foam for conformance control） 采用表面活性剂、稳泡剂等与气体混合形成的泡沫体系。

Пенообразующий реагент для выравнивания профиля приемистости. Пенобразующая система, образованная путем смешивания поверхностно-активных веществ, стабилизаторов пены и т.п. с газом.

树脂型调驱剂（resin for conformance control） 采用树脂、固化剂和助剂等在地层温度条件下固化形成的具有网状结构的高强度封堵剂。

Высокопрочный реагент на основе смолы для выравнивания профиля приемистости. Высокопрочный блокирующий реагент с сетчатой структурой, образованный путем отверждения смол, отвердителей и вспомогательных реагентов в условиях пластовой температуры.

无机沉淀型调驱剂（inorganic precipitate for conformance control） 水溶性无机盐与地层水中的二价离子（或外加二价离子）在地层温度作用下形成的沉淀物。

Неорганический осаждающий реагент для выравнивания профиля приемистости. Осадок, образованный водорастворимыми неорганическими солями и двухвалентными ионами (или дополнительными двухвалентными ионами) в пластовой воде под действием пластовой температуры.

交联（crosslinking） 聚合物分子通过化学反应或物理作用形成网状结构的过程。

交联剂（crosslinker） 能将线型结构的聚合物交联成体型结构的物质。

成胶时间（gelation time） 在模拟地层条件下，通过化学反应或物理作用，调驱体系封堵性能达到最优所需要的时间。

初凝时间（initial gelling time） 调驱剂溶液形成三维空间网状结构的起始时间。

终凝时间（final gelling time） 调驱剂溶液形成稳定的三维空间网状结构的终止时间。

终凝强度（final apparent viscosity） 调驱剂溶液形成稳定三维空间网状结构时的表观黏度。

破胶（gel break） 凝胶调驱体系的网状结构被破坏，体系黏度大幅度降低的过程。

Сшивание. Процесс, при котором молекулы полимера образуют сетчатую структуру посредством химических реакций или физических взаимодействий.

Сшивающий агент. Вещество, которое может сшивать полимер с линейной структурой в объемную структуру.

Время гелеобразования. Время, необходимое для достижения оптимальных свойств блокирующих композиций выравнивания профиля приемистости за счет химической реакции или физического воздействия при моделировании пластовых условий.

Время начала гелеобразования. Время, когда раствор реагента для выравнивания профиля приемистости начинает формировать трехмерную пространственную сетчатую структуру.

Окончательное время гелеобразования. Время, когда раствор реагента для выравнивания профиля приемистости с целью вытеснения окончательно образует стабильную трехмерную пространственную сетчатую структуру.

Окончательная кажущаяся вязкость геля. Кажущаяся вязкость, когда раствор реагента для выравнивания окончательно образует стабильную трехмерную пространственную сетчатую структуру.

Деструкция геля. Процесс, при котором сетчатая структура гелеобразующих реагентов для выравнивания профиля приемистости разрушается, вязкость геля значительно снижается.

破胶剂(gel breaker) 主要通过将聚合物降解，使凝胶交联结构破坏的化学剂。

吸水倍数(swelling ratio) 调驱剂吸水膨胀后质量与吸水前质量的比值。

长期稳定性(long term stability) 在储层条件下，调驱剂在一定时间内保持体系结构与性能稳定的能力。

调驱段塞组合(slug combination for conformance control) 采用多种调驱剂或不同浓度的单一调驱剂进行组合的调驱方式。

前置段塞(front slug) 首先注入的用于封堵储层中高渗透通道的高强度调驱剂段塞。

主体段塞(main slug) 用于堵调储层中次级优势渗流通道的调驱剂段塞。

Брейкер. Химический агент, разрушающий сшитую структуру геля, в основном за счет деструкции полимера.

Коэффициент водопоглощения. Отношение массы расширяющегося реагента для выравнивания профиля приемистости после водопоглощения к массе до водопоглощения.

Долгосрочная стабильность. Способность реагента для выравнивания профиля приемистости с целью вытеснения сохранять стабильность структуры и свойства в течение определенного периода времени в пластовых условиях.

Комбинированная технология для выравнивания профиля приемистости с целью вытеснения. Метод выравнивания профиля приемистости путем комбинации различных реагентов или одного реагента с разными концентрациями.

Предварительная оторочка (блок-пачка). Высокопрочная оторочка реагента для выравнивания профиля приемистости, предварительно закачиваемая с целью блокирования высокопроницаемых каналов в пласте.

Основная оторочка. Это оторочка реагента для выравнивания профиля приемистости, закачиваемая для блокирования высокопроницаемых каналов фильтрации и выравнивания профиля приемистости.

封口段塞(seal slug) 为防止后续驱替液对主体段塞稀释而导致调驱效果变差,而设置的高强度封堵段塞。

顶替段塞(replace slug) 用于顶替注入管线或井筒内的调驱剂全部进入地层而设置的聚合物溶液段塞。

堵塞率(plugging rate) 岩心封堵前后水相渗透率差值与岩心原始水相渗透率值之比。

压力指数(Pressure Index, *PI*) 注水井关井后,一定时间内井口压力—时间变化曲线的面积积分与时间的比值,单位为MPa。

$$PI = \frac{\int_0^t p(t)\mathrm{d}t}{t}$$

式中:p (t)—注水井井口压力随关井时间 t 变化的函数;t—关井时间,min。

Блокирование для защиты оторочки. Высокопрочная блокирующая оторочка, закачиваемая для предотвращения разбавления основной оторочки последующей вытесняющей жидкостью, что приводит к ухудшению эффекта выравнивания профиля приемистости.

Вытесняющая оторочка. Оторочка полимерного раствора, использующая для вытеснения всех реагентов выравнивания профиля приемистости в выкидной линии БКНС или стволе скважины, чтобы они полностью проникли в пласт.

Коэффициент блокирования. Это отношение разницы проницаемости по воде до и после блокирования к исходной проницаемости по воде в керновом образце.

Индекс давления. Это отношение площадной функции кривой зависимости изменения устьевого давления от времени к времени в течение определенного периода времени после отключения нагнетательной скважины, в МПа.

$$PI = \frac{\int_0^t p(t)\mathrm{d}t}{t}$$

Где, p (t) -функция изменения устьевого давления нагнетательной скважины в зависимости от времени отключения скважины; t -время отключения скважины, в мин.

压降曲线（drawdown curve） 关井后测得的井口/井底压力随时间的变化曲线。

Кривая падения давления. Это кривая устьевого/забойного давления, измеренного после отключения скважины, в зависимости от времени.

化学驱提高石油采收率装备与工具

Оборудование и инструменты для повышения коэффициента извлечения нефти

化学驱配注站（injection station for chemical flooding） 通常由配水设备、化学剂配制装置、注入泵、静态混合器等构成的用于配制与注入化学剂的工作站场。

Станция приготовления и закачки для химического заводнения. Это рабочая площадка, обычно состоящая из водораспределителя, установки приготовления химических реагентов, насосов закачки, статических смесителей и т. д. для приготовления и закачки химических реагентов.

聚合物分散溶解间（polymer dispersion and dissolution compartment） 用于放置聚合物分散罐、转输泵、干粉下料器等相关设备的工作场所，完成聚合物干粉的上料、储料、计量、下料、混合、初步溶解和混合液输出等工序。

Блок диспергирования и растворения полимера. Это рабочая площадка с резервуарами для диспергирования полимеров, с перекачивающими насосами, бункером сухого порошка полимера и другого соответствующего оборудования для хранения, учета, подачи, смешивания, предварительного растворения сухого порошка полимера, подачи смешанного раствора.

聚合物分散罐(polymer dispersion tank)
聚合物干粉与配制水以一定的比例混合、分散、初步溶解的容器。

Дисперсионный резервуар для диспергирования полимера. Емкость для смешивания, диспергирования и предварительного растворения сухого порошка полимера и воды для приготовления по определенной пропорции.

熟化罐(maturing tank)　配制聚合物溶液时,为使聚合物粉末与水充分混合、溶解而设置的带有搅拌装置的大型容器。

Емкость для созревания. Большая емкость, оснащенная перемешивающим устройством для полного смешивания и растворения сухого порошка полимера и воды во время приготовления полимерного раствора.

配制罐(preparation tank)　将一种或几种物料按工艺配比进行混配的混合搅拌容器。

Резервуар для приготовления. Это емкость для смешивания, в котором смешивается один или несколько реагентов в определенной пропорции в соответствии с требованиями технологий.

静态混合器(static mixer)　一种没有搅拌装置的高效混合设备,其基本工作原理是利用固定在管内的混合单元体改变流体在管内的流动状态,以达到不同流体之间良好分散和充分混合的目的。

Статический смеситель. Это высокоэффективное смесительное оборудование без перемешивающего устройства, основной принцип работы которого заключается в изменении состояния течения флюидов в трубе с помощью смесителя, закрепленного в трубе, для достижения хорошего диспергирования и достаточного смешивания различных флюидов.

污水处理罐(sewage treatment tank)　油田用于处理含油污水的一种装置,主要用来油水分离和去除悬浮物。

Резервуар для подготовки подтоварной воды. Это резервуар, используемый для отделения нефти от воды и удаления взвешенных твердых частиц.

聚合物溶液高压取样器(high pressure sampling device of polymer solution) 在聚合物溶液井口取样过程中,由于取样器与高压管道内存在巨大的压差,打开取样器入口阀门时聚合物溶液会高速喷射到取样器内,剪切会导致聚合物溶液黏度的损失,从而影响其检测数据。为了最大限度地保存其黏度及其他参数的真实性,高压取样器取样过程中会让管道内的溶液缓慢地流入取样器内,同时为了置换出开始高速剪切的不合格溶液,需要排出 3～5 倍合格的溶液(取样流速不超过 0.3m/s)才能置换出里面不合格的溶液。

Устройство для отбора проб полимерного раствора под высоким давлением. В процессе отбора проб из устья нагнетательной скважины с закачкой полимерного раствора из-за большой разницы давлений между пробоотборником и трубопроводом высокого давления, полимерный раствор впрыскивается с высокой скоростью в пробоотборник. Перепад давления приводит к потере вязкости раствора полимера, что влияет на достоверность измеренных данных. Чтобы в наибольшей степени сохранить достоверность по вязкости и по другим параметрам, в процессе отбора проб пробоотборником высокого давления, раствор из трубопровода должен медленно поступать в пробоотборник. Чтобы вытеснить непригодный раствор, который подвергся сдвигу с высокой скоростью, требуется его сливать 3–5 раз, чтобы заменить корректно отобранным раствором (при корректном отборе скорость отбора проб не должна превышать 0,3 м/с).

采出水中聚丙烯酰胺浓度的监控测定
（determination of polyacrylamide concentration in produced water） 淀粉 – 碘化镉分光光度法,该法的过程:（1）用 Br_2 水将酰胺基溴化为 N– 溴代酰胺;（2）过量的 Br_2 用甲酸钠除去;（3）聚丙烯酰胺的溴代物水解产生次溴酸;（4）次溴酸定量地与碘化镉中 I^- 反应生成 I^{3-};（5）I^{3-} 与淀粉作用呈蓝色,用分光光度法测定得到线性较好的工作曲线,推算出聚丙烯酰胺浓度。

聚合物注入柱塞泵（plunger pump for polymer flooding） 机械高速剪切对聚合物溶液黏度降解有很大影响。柱塞泵的机械原理使得其剪切作用小,输送聚合物溶液保留黏度高,是聚合物溶液注入泵的主要种类。

Измерение и контроль концентрации полиакриламида в добытой воде. Применяется спектрофотометрический метод с помощью крахмала–йодида кадмия; процесс данного метода: (1) бромирование амидной группы в N–бромамида водой Br_2; (2) удаление избыточного Br_2 формиатом натрия; (3) образование бромноватистой кислоты путем гидролиза бромида полиакриламида; (4) реакция определеного количества бромноватистой кислоты с I^- в иодиде кадмия с образованием I^{3-}; (5) при взаимодействии I^{3-} и крахмала появляется синий цвет, а рабочая кривая с хорошей линейностью получена методом спектрофотометрии, и рассчитывается концентрация полиакриламида.

Плунжерный насос закачки полимера. Механический высокоскоростной сдвиг оказывает большое влияние на снижение вязкости полимерного раствора. Механический принцип плунжерного насоса позволяет уменьшать воздействие сдвига, сохранять высокую вязкость перекачиваемого полимерного раствора. Плунжерный насос является основным типом насоса закачки полимерного раствора.

第三章 气驱提高石油采收率

Часть III. Газовое воздействие для повышения коэффициента извлечения нефти

气驱提高石油采收率通用词汇

Общепринятые термины в области газового воздействия для повышения коэффициента извлечения нефти

注气开发（gas flooding） 以二氧化碳、烃类气体、空气、减氧空气、氮气或烟道气等气体作为驱替介质的提高石油采收率的开发方式。

Газовое воздействие на пласт. Способ повышения коэффициента извлечения нефти путем закачки таких газов, как двуокись углерода, углеводородный газ, воздух, воздух с пониженным содержанием кислорода, азот или дымовой газ в качестве вытесняющего агента.

气驱阶段采出程度（recovery percentage in gas drive stage） 某个气驱阶段的油藏累计产油量占原始地质储量的百分数。

Этапный отбор в режиме газового воздействия. Процент накопленной добычи нефти на этапе газового воздействия от начальных геологических запасов.

水气交替注入（water and gas alternating injection，WAG） 采用水和气轮流替换的注入方式。

Чередующаяся закачка воды и газа. Метод закачки, при котором вода и газ поочередно закачиваются в пласт.

段塞（slug）　注入油藏的不同类型或同类型不同浓度的某一连续驱油体系单元。为提高驱替效果，常采用多段塞交替或接替注入方式。

水气交替注入周期（oil displacement cycle of water-alternating-gas injection）　水气交替注入时，一个气相段塞与一个水相段塞注入的时间之和（单位一般为天、周或月）。

水气交替段塞比（slug size ratio of water alternating gas injection）　单个水气交替注入周期内，水段塞与气段塞的地下体积之比。

分层注气（selective gas injection）　在注气井中下入封隔器，把差异较大的油层分隔开，再用配注器进行分层配气，使相对高渗层注气量得到控制，相对低渗层注气得到加强，使各类油层都能发挥作用的一种注气方式。

Оторочка. Полоса непрерывно закачиваемых в залежи вытесняющих реагентов разных типов или одного типа с разной концентрацией. Для улучшения эффекта вытеснения часто используется способ чередующейся или последующей закачки нескольких оторочек.

Цикл чередующейся закачки воды и газа. Сумма времени закачки одной газовой и одной водяной оторочки во время чередующейся закачки воды и газа (обычно измеряется в сутках, неделях или месяцах).

Соотношение размеров оторочек при чередующейся закачке воды и газа. Отношение объема водяной оторочки к объему газовой оторочки в пласте за один цикл чередующейся закачки воды и газа.

Одновременно-раздельная закачка газа. Метод закачки газа для ввода нефтяных пластов разных типов в разработку. Суть данного метода заключается в спуске в газонагнетательную скважину пакера для разобщения нефтяных пластов с большой разницей фильтрационно-емкостных свойств (ФЕС) и использовании газораспределителя для распределения газа по разным интервалам, чтобы ограничивать объем закачки газа в высокопроницаемый пласт и увеличивать объем закачки газа в низкопроницаемый.

混相（miscible phase） 在油藏温度和一定压力的条件下，注入流体与地层原油接触后，相互溶解，界面消失，以近似单一相态存在的状态或现象。

Смешанная фаза. Состояние или явление, при котором в условиях пластовой температуры и определенного пластового давления, закачиваемый флюид и нефть в пласте растворяются друг в друге после контакта, граница раздела исчезает и существует приблизительно в однофазном состоянии.

蒸发型接触混相（vaporizing gas multiple-contact miscible process） 原油中的某些组分自原油中蒸发与注入的溶剂形成混相的机制。

Смешанная фаза при контакте с испарением. Механизм образования смешивания фаз, когда некоторые компоненты испаряются из сырой нефти и смешиваются с закачиваемыми растворителями.

凝析型接触混相（condensing gas multiple-contact miscible process） 注入气体中的某些组分产生凝析进入与其接触的原油形成混相的机制。

Смешивание фаз типа конденсации. Механизм образования смешивания фаз, когда некоторые компоненты конденсируются из закачиваемого газа и смешиваются с сырой нефтью после контакта.

最小混相压力（minimum miscible pressure, MMP） 在一定的温度条件下，注入流体与地层原油之间能够实现混相的最低压力，单位为 MPa。

Минимальное давление смешивания. Минимальное давление, при котором достигается смешение фаз между закачиваемым флюидом и пластовой нефтью в условиях определенной температуры, единица измерения—мегапаскаль (МПа).

混相驱（miscible flooding） 为了提高洗油效率，使驱替介质和被驱替介质之间互相溶解、界面消失、达到混相的驱替方式，通常需要地层压力高于最小混相压力才能实现；若见气前的地层压力高于最小混相压力 1.0 MPa 以上，可定义为混相驱。

Смешивающееся вытеснение. Способ вытеснения для повышения эффективности отбора нефти, при котором вытесняющий агент и вытесняемый агент растворяются друг в друге, граница раздела исчезает и достигается смешивание фаз, обычно для этого пластовое давление должно быть выше минимального давления смешивания; если пластовое давление до газопроявления превышает минимальное давление смешивания на 1,0 МПа и больше, это можно определить, как смешивающееся вытеснение.

近混相驱(near miscible flooding) 当地层压力与最小混相压力接近,注入气体与原油接近混相状态,可以大幅度降低地层原油黏度和油气界面张力的驱油方法;若见气前的地层压力比最小混相压力低1.0MPa 以内,可定义为近混相驱。

Приблизительное смешивающееся вытеснение. Метод вытеснения нефти, позволяющий значительно снизить вязкость сырой нефти в пласте и межфазовое натяжение нефти и газа, когда пластовое давление близко к минимальному давлению смешивания, а закачиваемый газ и сырая нефть близки к состоянию смешивания фаз. Если пластовое давление до газопроявления меньше минимального давления смешивания на 1,0 МПа, это можно определить, как приблизительное смешивающееся вытеснение.

抽提作用(extraction) 在一定的温度和压力下,注入气体将原油中某些轻质或中间烃类物质蒸发或者置换出来的行为。

Экстракция. Процесс испарения или вытеснения определенных легких компонентов, или промежуточных углеводородов из сырой нефти путем закачки газа при определенной температуре и давлении.

气驱油墙(oil bank of gas flooding) 通过发挥注气驱油机理,包括混相、降黏等,使原本分散的剩余油富集而成的高含油饱和度区带。

Нефтяной вал при газовом заводнении. Зона с высокой нефтенасыщенностью, образованная за счет сбора ранее разбросанной остаточной нефти на основе механизма вытеснения нефти закачкой газа, включающего смешивание фаз, снижение вязкости и т.д.

孔隙体积(pore volume) 目标油藏为油气水等油藏流体所充满的孔隙空间,单位为 m^3。

Поровый объем. Поровое пространство целевой залежи, которое заполнено пластовыми флюидами, такими как нефть, газ и вода, в $м^3$.

原始烃类孔隙体积(initial hydrocarbon pore volume) 相应于原始石油地质储量的油藏孔隙体积,单位为 m^3。

Начальный поровый объем углеводородов. Поровый объем залежей, соответствующий начальным геологическим запасам нефти, в $м^3$.

气驱孔隙体积倍数（gas flooding pore volume） 油藏条件下累计注入气体体积占工区孔隙体积的倍数。

Кратность порового объема в режиме газового воздействия. Отношение накопленного объема закачиваемого газа к объему пор разрабатываемого участка в пластовых условиях.

注入气液比（injection gas-liquid ratio） 注入流体按一定气液比例混合同步注入或气液段塞交替注入的地下体积比。

Газожидкостный фактор. Отношение объема закачиваемого газа к объему закачиваемой жидкости в пластовом условии, когда флюид и газ после смешивания закачиваются одновременно в определенной пропорции, или попеременно закачиваются оторочки газа и жидкости.

累计注气量（cumulative gas injection volume） 人工注气开发的油田,实际注入油层的总气量,单位为 m³ 或 t。

Накопленный объем закачки газа. Фактический накопленный объем газа, закачиваемый в пласт нефтяного месторождения, разрабатываемого в режиме искусственной закачки газа, в м³ или т.

周期注气（periodic gas injection） 周期性向油层进行人工注气,或连续注气但周期性地改变注气量,在油层中造成不稳定的脉冲压力状态,又称间歇注气。

Периодическая закачка газа. Это прерывистая закачка, относится к искусственной периодической закачке газа в нефтяной пласт или непрерывной закачке газа, но с периодическим изменением объема закачки, что приводит к нестабильному импульсному давлению в нефтяном пласте.

注气保持油藏压力（gas injection pressure maintenance） 向油藏注气补充能量,使油藏压力尽量保持合理的水平,维持油田开发所需的地层能量。

Закачка газа для поддержания пластового давления. Закачка газа в пласт для пополнения пластовой энергии с целью поддержания пластового давления на необходимом уровне для рациональной разработки нефтяного месторождения.

累计气油比（cumulative gas oil ratio） 累计产气量和累计产油量的比值，单位为 m^3/t 或 m^3/m^3。

气窜（gas channeling） 由于油藏非均质性或压力分布不均衡或重力分异作用，注入气体以连续游离态呈舌状或线状窜入油井的现象，或称为注入气突破。气窜往往会引起产油量降低。

气驱用防窜剂（anti-gas channeling agent） 防止或抑制气窜的化学剂。

气驱增产倍数（oil production rate multiplier due to gas flooding） 气驱见效高峰期（稳产期）一年内平均单井日产油与注气前一年内的水驱平均单井日产油之比。

气驱生产气油比（gas-oil ratio of gas flooding） 气驱开发过程中，标准条件下产气量与产油量的比值，单位为 m^3/m^3 或 m^3/t。

气驱生产气液比（gas-liquid ratio of gas flooding） 气驱开发过程中，标准条件下产气量与产液量的比值，单位为 m^3/m^3 或 m^3/t。

Накопленный газовый фактор. Отношение накопленной добычи газа к накопленной добыче нефти, выраженное в $m^3/т$ или m^3/m^3.

Прорыв газа. Это явление, при котором закачиваемый газ прорывается в нефтяную добывающую скважину в непрерывном свободном состоянии, в языковой или линейной форме, в связи с неоднородностью залежи или из-за неравномерного распределения давления или действия гравитационной дифференциации. Прорыв газа часто приводит к снижению добычи нефти.

Реагент для предотвращения прорыва газа. Это химический реагент, используемый для предотвращения или ограничения прорыва газа.

Кратность прироста добычи в режиме газового заводнения. Отношение среднесуточной добычи нефти по отдельной скважине за год в пиковый период (период стабильной добычи) к среднесуточной добыче нефти по отдельной скважине в режиме заводнения за год до нагнетания газа.

Эксплуатационный газовый фактор при газовом воздействии. Отношение объема добычи газа к объему добычи нефти при стандартных условиях в режиме газового вытеснения, выраженное в m^3/m^3 или $m^3/т$.

Газожидкостный фактор при газовом воздействии. Это отношение объема добычи газа к объему добычи жидкости при стандартных условиях в режиме газового вытеснения, выраженное в m^3/m^3 или $m^3/т$.

临界点(critical point) 纯物质的临界点为饱和蒸气压线的最高点;多组分体系的临界点是泡点线和露点线的交点。

Критическая точка. Критической точкой единичного вещества является наивысшая точка линии давления насыщенных паров, критической точкой многокомпонентных систем является пересечение линии точки насыщения нефти газом и линии точки росы.

临界压力(critical pressure) 临界温度下的饱和蒸气压。

Критическое давление. Давление насыщенного пара при критической температуре.

临界温度(critical temperature) 液体保持液相的最高温度。高于该温度时,仅通过增大压强不能使气体液化。

Критическая температура. Максимальная температура, при которой жидкость поддерживается в жидкой фазе. Когда температура выше этой величины, газ не может быть сжижен путем повышения давления.

注气压力(injection pressure) 注气期间的井口油压,单位为 MPa。

Давление закачки газа. Давление в НКТ на устье скважины во время закачки газа, в МПа.

气驱注采比(injection production ratio of gas flooding) 气驱过程中,注入流体的地下体积与采出流体地下体积之比,无量纲。

Компенсация отбора закачкой в режиме газового вытеснения. Отношение объема нагнетаемых флюидов в пласте к объему добываемых флюидов в процессе газового вытеснения, безразмерное.

气驱开发井网(well pattern of gas flooding) 满足注气驱油生产需要的生产井与注入井在油藏平面上的分布、排列与组合。

Сетка скважин при разработке газовым заводнением. Распределение, расположение и комбинация добывающих и нагнетательных скважин залежей для удовлетворения требованию добычи в режиме газового заводнения.

气驱强化采油(enhanced oil recovery by gas flooding, gas flooding EOR) 以气驱方法强化石油生产,实现原油增产和大幅度提高采收率的过程。

Интенсификация добычи нефти методом закачки газа. Процесс интенсификации добычи нефти за счет закачки газа в пласт с целью увеличения добычи нефти и значительного повышения нефтеотдачи.

气驱油藏数值模拟(gas flooding reservoir numerical simulation) 利用电子计算机求解气驱渗流数学模型,模拟油藏注气驱油过程流动,预测气驱油藏生产动态,可给出任意时刻任意层位的油气水分布场图。

Численное моделирование газового вытеснения. Создание фильтрационной математической модели с помощью ЭВМ для моделирования процесса вытеснения нефти закачкой газа и прогноза динамики разработки залежи в режиме газового вытеснения, получения графиков полей распределения нефти, газа и воды по любому пласту, в любое время.

气驱油藏工程方法(gas flooding reservoir engineering method) 用于计算气驱生产指标或描述气驱生产指标之间联系的简明实用公式,通常为零维模型,有别于气驱数值模拟方法。

Инженерный метод расчета показателей разработки в режиме газового вытеснения. Краткие и практичные формулы для расчета показателей разработки в режиме газового вытеснения или описания зависимостей разных показателей разработки, как обычно, представляет собой нульмерную модель, и отличается от метода численного моделирования газового вытеснения.

二氧化碳驱

Вытеснение углекислым газом

注二氧化碳提高石油采收率(CO$_2$-enhanced oil recovery, CO$_2$-EOR) 将二氧化碳注入油藏,利用物理化学作用改变原油性质、储层性质、提高地层压力,实现增产石油和提高采收率的过程,包括二氧化碳驱替和二氧化碳吞吐两种方式。

Повышение коэффициента извлечения нефти закачкой углекислого газа. Процесс увеличения добычи нефти и повышения нефтеотдачи путем закачки углекислого газа в залежь на основе физико-химического воздействия для изменения свойств нефти, коллекторов и повышения пластового давления, включая вытеснение углекислым газом и циклическую обработку углекислым газом.

二氧化碳驱（carbon dioxide flooding, CO_2 flooding） 以二氧化碳作为驱替介质的提高采收率方法。

二氧化碳混相驱（carbon–dioxide miscible flooding） 在高于最小混相压力的条件下，注二氧化碳驱替地层原油的方法。CO_2 多次与新鲜原油接触，逐级改变组成，最终在油层某位置气液相的组成相同，即达到混相。

二氧化碳非混相驱（carbon dioxide immiscible flooding） 在达不到与原油混相的条件下，注二氧化碳驱替地层原油的方法。

二氧化碳吞吐（carbon dioxide huff and puff process） 将一定量的 CO_2 注入生产井，关井与井筒周围原油作用一段时间，再开井生产的增产措施。

Вытеснение углекислым газом. Метод повышения нефтеотдачи с использованием углекислого газа в качестве вытесняющего агента.

Смешивающееся вытеснение углекислым газом. Метод вытеснения нефти путем закачки углекислого газа, когда пластовое давление превышает минимальное давление смешивания. После многократного контакта газа CO_2 со свежей сырой (пластовой) нефтью, его компоненты ступенчато меняются, и в конечном итоге, составы CO_2 и газо–жидкостной фазы в некоторой части нефтяного пласта становятся одинаковыми, то есть достигается полное смешение фаз.

Несмешивающееся вытеснение углекислым газом. Метод вытеснения нефти путем закачки углекислого газа, когда CO_2 и сырая (пластовая) нефть не могут достичь смешивающего вытеснения фаз.

Циклическая обработка углекислым газом. Метод увеличения добычи, при котором определенное количество CO_2 закачивается в добывающую скважину, затем скважина останавливается для взаимодействия CO_2 с сырой (пластовой) нефтью вблизи ствола скважины в призабойной зоне пласта (ПЗП). В дальнейшем, по истечении определенного времени скважину вводят повторно в эксплуатацию.

超临界二氧化碳（supercritical CO_2）　在温度高于临界温度（31.26℃）且压力高于临界压力（7.38 MPa）条件下的二氧化碳。注：超临界二氧化碳的密度近于液体，黏度近于气体。

Сверхкритический углекислый газ. Углекислый газ, температура которого выше критической температуры (31,26℃) и давление выше критического давления (7,38 МПа). Примечание: плотность сверхкритического углекислого газа близка к плотности жидкости, а его вязкость близка к вязкости газа.

密相二氧化碳（dense phase CO_2）　压力高于临界压力且温度低于临界温度条件下的二氧化碳流体。

Углекислый газ в плотной фазе. Относится к флюиду углекислого газа, когда его давление выше критического давления, а температура ниже критической температуры.

二氧化碳增稠剂（carbon dioxide thickener）　用于提高二氧化碳黏度的化学剂。

Загуститель углекислого газа. Химический реагент, предназначенный для повышения вязкости углекислого газа.

二氧化碳增溶剂（carbon dioxide solubilizer）　能提高二氧化碳在原油中溶解度的化学剂。

Солюбилизатор углекислого газа. Химический реагент, предназначенный для повышения растворимости углекислого газа в сырой нефти.

二氧化碳驱用防腐剂（carbon dioxide flooding-corrosion inhibitor）　抑制或防止二氧化碳腐蚀的化学剂。

Ингибитор коррозии для добавления в углекислый газ. Химический реагент для ограничения или предотвращения коррозии из-за углекислого газа.

二氧化碳注入站（CO_2 injection station）　向注入井供给注入用 CO_2 的站场。

Станция закачки углекислого газа. Площадка, обеспечивающая подачу CO_2 для закачки в нагнетательную скважину.

二氧化碳配注间（injection distribution manifold for CO_2）　接收注入站来的 CO_2，经控制、计量分配到所辖注入井的设施。

Блок распределения закачиваемого CO_2. Устройство для приема CO_2 из станции закачки и распределение его в надлежащие нагнетательные скважины после контроля качества и учета.

二氧化碳驱站场（CO_2 flooding station）
具有 CO_2 注入、采出流体收集、净化处理、储运功能的站、库、厂、场的统称。

Станция вытеснения углекислым газом.
Общее название станций, складов, заводов и площадок с функциями закачки CO_2, сбора добываемого флюида, его очистки, обработки, хранения и транспортировки.

二氧化碳液相注入（injection of liquid CO_2）
增压后为液态 CO_2 的注入方式。

Закачка жидкого углекислого газа. Способ закачки CO_2 в жидком состоянии после повышения давления.

二氧化碳超临界注入（injection of supercritical CO_2） 增压后为超临界态 CO_2 的注入方式。

Закачка сверхкритического углекислого газа. Способ закачки сверхкритического CO_2 после повышения давления.

二氧化碳密相注入（injection of dense-phase CO_2） 增压后为密相 CO_2 的注入方式。

Закачка плотной фазы углекислого газа. Способ закачки CO_2 в плотной фазе после повышения давления.

二氧化碳循环注入（cyclic injection of CO_2）
CO_2 驱采出气经处理后满足回注条件，重新注入油气藏的注入方式。

Циклическая закачка углекислого газа. Способ закачки, при котором добытый газ при вытеснении углекислым газом повторно закачивается в залежь после обработки, в соответствии с требованием обратной закачки.

二氧化碳日注量（CO_2 injection rate） 每天注入油藏的 CO_2 质量，单位为 t/d。

Суточный объем закачки углекислого газа. Масса CO_2, закачиваемого в пласт за сутки, в т/сут.

二氧化碳注入强度（CO_2 injection intensity）
单位厚度储层的日注 CO_2 质量，单位为 $t/(d \cdot m)$。

Интенсивность закачки углекислого газа. Масса закачиваемого CO_2 на единицу толщины пласта за сутки, в т/(сут · м).

二氧化碳注入速度（CO_2 injection rate） 一年内注入目标油藏的 CO_2 体积占油藏孔隙体积或烃类孔隙体积的倍数，单位为 PV 或 HCPV。

Скорость закачки углекислого газа. Отношение объема закачиваемого в целевую залежь CO_2 в течение года к поровому объему залежи или поровому объему углеводородов, в PV или HCPV.

二氧化碳注入温度（CO_2 injection temperature）　注入井井口 CO_2 温度。

二氧化碳吞吐焖井时间（CO_2 soaking period）　一个二氧化碳吞吐周期包括 CO_2 注入、关井停产、开井生产三个阶段；其中，关井停产的时间长度叫作焖井时间，单位为 d。

二氧化碳吞吐增产倍数（CO_2 stimulation ratio of huff-puff）　CO_2 吞吐后最高月产油量与吞吐前一年内的平均月产油量之比。

二氧化碳利用系数（CO_2 utilization factor）　某一阶段的产油量与注入 CO_2 量的比值，单位为 t_{Oil}/t_{CO_2}。

二氧化碳驱采出流体（produced fluid of CO_2 flooding）　CO_2 驱生产井采出的混合物。

二氧化碳驱采出液（produced liquid of CO_2 flooding）　CO_2 驱采出流体分离气相后的液体。

二氧化碳驱采出气（produced gas of CO_2 flooding）　CO_2 驱采出流体分离液相后的气体。

Температура закачки углекислого газа. Температура CO_2 на устье нагнетательной скважины.

Время выдержки CO_2 в скважине при циклической обработке углекислым газом.　Один цикл обработки углекислым газом включает три этапа: закачка CO_2, закрытие скважины и прекращение добычи, открытие скважины в эксплуатацию после выдержки; продолжительность закрытия скважины и прекращения добычи называется временем выдержки, выраженном в сутках.

Кратность прироста добычи при циклической обработке углекислым газом.　Отношение максимального месячного объема добычи нефти после циклической обработки CO_2 к среднемесячному объему добычи нефти за год до циклической обработки.

Коэффициент использования углекислого газа.　Отношение объема добычи нефти к объему закачиваемого CO_2 на каком-то этапе, в $\tau_{нефти}/\tau_{CO_2}$.

Добытый флюид при вытеснении CO_2.　Смесь, добытая из эксплуатационной скважины в режиме вытеснения CO_2.

Добытая жидкость при вытеснении CO_2. Жидкость после отделения газовой фазы от добытого флюида в режиме вытеснения CO_2.

Добытый газ при вытеснении CO_2.　Газ, полученный путем отделения жидкой фазы от добытого флюида в режиме вытеснения CO_2.

二氧化碳换油率(the mass ratio of CO_2 injected to oil produced) CO_2 驱项目在某一阶段注入的 CO_2 量与阶段产油量的比值,单位为 t_{CO_2}/t_{Oil}。

二氧化碳捕集利用与封存(carbon capture, utilization and storage, CCUS) 将二氧化碳从大气、工业或能源相关的排放源中分离或直接加以利用与封存,以实现二氧化碳减排或消除的工业过程。二氧化碳利用包括化工利用、生物利用和地质利用三大类。

二氧化碳地质利用(CO_2 geological utilization) 将二氧化碳注入地下,用于能源、资源生产或强化其开采的过程,相对于传统工艺可减少二氧化碳排放。二氧化碳驱属于二氧化碳地质利用。

强化采油类碳捕集利用与封存(carbon capture utilization and storage–enhanced oil recovery, CCUS–EOR) 是碳捕集利用与封存(CCUS)技术体系中专用于强化采油(Enhanced Oil Recovery)的技术,包括了碳捕集、输送、驱油与埋存全流程,是实现"双碳"目标和提高石油采收率的重要技术途径。

Массовое отношение к добытой нефти при вытеснении CO_2. Отношение объема закачиваемого CO_2 к объему добытой нефти на этапе проекта вытеснения CO_2, выраженное в отношении $т_{CO_2}/т_{нефти}$.

Улавливание, использование и хранение углекислого газа. Промышленный процесс, который отделяет или непосредственно использует и консервирует CO_2 из атмосферных, промышленных или связанных с энергетикой источников выбросов CO_2 для уменьшения выброса или удаления CO_2. Применение CO_2 включает использование в химических, биологических и геологических целях.

Использование CO_2 в геологических целях. Процесс закачки CO_2 в пласт для производства энергии и ресурсов с целью интенсификации добычи нефти. По сравнению с традиционными технологиями, количество выбросов CO_2 может быть снижено. Вытеснение CO_2 относится к использованию CO_2 в геологических целях.

Улавливание, использование и хранение углеродов в целях интенсификации добычи. Технология интенсификации добычи нефти, охватывающая весь процесс улавливания, транспортировки и хранения углеродов. Это важный технический способ достижения цели "углеродного пика и углеродной нейтральности", а также повышения коэффициента нефтеотдачи.

二氧化碳驱同步埋存量（simultaneous sequestration during CO_2 flooding） CCUS-EOR 项目评价期可分为 CO_2 驱油埋存、纯粹埋存两个阶段，前一个阶段往往注气、驱替、采油、埋存四个过程同步存在，将这一阶段的埋存量称为同步埋存量。

Объем синхронного хранения CO_2 при вытеснении углекислым газом. Период оценки проекта CCUS-EOR делится на два этапа: хранение CO_2 для вытеснения нефти и общее хранение; на первом этапе обычно синхронно проводится закачка газа, вытеснение нефти, добыча нефти и хранение; объем хранения CO_2 на данном этапе называется объемом синхронного хранения CO_2.

二氧化碳驱提高煤层气采收率（CO_2-enhanced coalbed methane recovery，CO_2-ECBM） 将从排放源捕集到的二氧化碳注入深部暂不可开采煤层中进行封存，同时将煤层气驱替出来的过程。

Использование CO_2 для повышения коэффициента отдачи метана из угольных пластов. Процесс закачки уловленного углекислого газа из источников выбросов в глубинные угольные пласты, которые еще не введены в эксплуатацию для хранения и последующего вытеснения метана угольных пластов.

二氧化碳驱提高页岩气采收率（CO_2-enhanced shale gas recovery，CO_2-ESGR） 将二氧化碳注入页岩气藏，利用页岩吸附二氧化碳能力比甲烷强的特点，置换甲烷，从而提高页岩气采收率并实现二氧化碳地质封存的过程。

Использование CO_2 для повышения коэффициента отдачи сланцевого газа. Процесс закачки CO_2 в пласт сланцевого газа и вытеснения метана для повышения нефтеотдачи сланцевого газа, хранение CO_2 в геологических целях. Суть технологии заключается в том, что по сравнению с метаном сланец имеет более сильную способность адсорбции CO_2.

二氧化碳驱提高天然气采收率（CO_2-enhanced natural gas recovery，CO_2-EGR） 将二氧化碳注入即将枯竭的天然气藏，恢复地层压力，将残存天然气驱替出来同时将二氧化碳封存于气藏地质构造中实现减排的过程。

Использование CO_2 для повышения коэффициента отдачи природного газа. Процесс закачки CO_2 в истощающиеся залежи природного газа для восстановления пластового давления, вытеснения оставшегося природного газа, и хранения CO_2 в геологической структуре газовой залежи с целью осуществления сокращения выбросов.

强化采气类碳捕集利用与封存（ carbon capture utilization and storage–enhanced gas recovery，CCUS–EGR ） 是碳捕集利用与封存（CCUS）技术体系中专用于强化开采天然气（ Enhanced Gas Recovery ）的技术，包括了碳捕集、输送、驱气与埋存全流程。

碳中和（ carbon neutrality ） 国家、企业、团体在一定时间内,通过植树造林等增加碳汇的方式或碳隔离技术的使用,抵消自身直接或间接产生的二氧化碳排放量,达到边界范围内二氧化碳"零排放"的状态。

二氧化碳捕集与封存（ carbon dioxide capture and storage；CCS ） 将二氧化碳从大气、工业或能源相关的排放源中分离出来,注入封存在地层中或以其他方式使之长期与大气隔离的过程。

碳源（ carbon dioxide sources ） 向大气中释放二氧化碳的某种过程、活动或机制。

碳汇（ carbon dioxide sinks ） 以植树造林、植被恢复、土壤吸收吸附、地质埋存或海洋吸收等方式从大气中清除二氧化碳的过程、活动或机制。

Улавливание, использование и хранение углеродов в целях интенсификации добычи газа. Технология интенсификации добычи газа (Enhanced Gas Recovery), охватывающая весь процесс улавливания, транспортировки углерода, вытеснения газа и хранения углеродов.

Углеродная нейтральность. Состояние "нулевых выбросов" CO_2 в границах, достигнутое странами, предприятиями и группами в определенное время благодаря компенсированию объемов выбросов CO_2, прямо или косвенно возникающего в результате их производственной деятельности за счет посадки деревьев и других способов увеличения поглощения CO_2 или использования технологий его изоляции.

Улавливание и хранение CO_2. Процесс отделения CO_2 из атмосферных, промышленных или энергетических источников выбросов, закачки и хранения его в пласте или долгосрочной изоляции его от атмосферы другими способами.

Источники CO_2. Процесс, мероприятие или механизм, выбрасывающий CO_2 в атмосферу.

Поглощение CO_2. Процесс, мероприятие или механизм удаления CO_2 из атмосферы посредством посадки деревьев и лесов, восстановления растительности, поглощения и адсорбции почвой, хранения в геологических целях или поглощения океаном и другими методами.

构造封存（structural trapping） 通过盖层阻挡二氧化碳运移并使其聚集在储层内的封存过程。

Хранение CO_2 в геологической структуре. Процесс экранирования миграции CO_2 покрышками и их скопления в пласте.

溶解封存（solubility trapping） 二氧化碳溶解于地层流体中的封存过程。

Хранение CO_2 путем растворения. Процесс хранения CO_2 путем его растворения в пластовых флюидах.

束缚封存（sorption trapping） 二氧化碳在地层岩石的孔隙中被毛细管压力束缚或吸附于岩石矿物表面不能自由流动的封存过程。

Хранение CO_2 путем абсорбции. Процесс хранения CO_2, когда углекислый газ связывается капиллярными силами в порах пластовой породы или адсорбируется на поверхности минералов и горных пород, и он не может свободно фильтроваться.

矿化封存（mineralization trapping） 二氧化碳注入地层后，与岩石矿物发生化学反应，使自身转化为次生矿物的封存过程，该过程会引起储层孔隙度和渗透率的变化。

Хранение CO_2 путем минералообразования. Процесс хранения, при котором после закачки в пласт CO_2 вступает в химическую реакцию с минералами породы и трансформируется во вторичные минералы, что приводит к изменению пористости и проницаемости коллекторов.

水力封存（hydraulic trapping） 二氧化碳在后续水段塞的推挤下，逐渐移动到某一平缓空间封闭的过程，这部分二氧化碳可以存在于岩性边界和水体之间，也可以存在于两部分液相边界之间。

Гидравлическое хранение. Процесс хранения, при котором углекислый газ постепенно закачивается и перемещается в пространстве под движением закачиваемых оторочек воды; данная часть CO_2 может существовать между литологической границей и аквафером или между границами двух жидких фаз.

重力封存(gravity trapping) 当 CO_2 密度高于地层油时,可以形成 "上部地层油,下部 CO_2" 或 "上部地层油、中部 CO_2、下部水" 的宏观稳定封存状态。

Гравитационное хранение. Макроскопически стабильное состояние хранения CO_2, образующее состояние "верхняя часть–пластовая нефть, нижняя часть–CO_2" или "верхняя часть–пластовая нефть, средняя часть–CO_2, нижняя часть–вода", когда плотность CO_2 превышает плотность пластовой нефти.

二氧化碳地质埋存(CO_2 geological sequestration) 向油气藏、深部盐水层或其他深部地下空间注入二氧化碳的过程。

Хранение углекислого газа в геологических целях. Процесс закачки углекислого газа в залежь нефти и газа, глубокие солевые слои или другие глубокие подземные пространства.

二氧化碳地质埋存量(CO_2 geological storage volume) CCS/CCUS 项目注入的二氧化碳量扣除采出量、泄漏量的差值。

Объем хранения CO_2 в геологических целях. Разница между объемом закачки CO_2 в рамках проекта CCS/CCUS, объемом добычи и утечки.

二氧化碳埋存率(CO_2 storage efficiency) 在 CO_2 驱项目评价期内,累计注入 CO_2 量扣除产出和泄漏的部分后剩余的(滞留地层)CO_2 量占累计注入 CO_2 量的百分数。

Коэффициент хранения CO_2. Процент оставшегося объема, закачанного CO_2 после вычета добычи и утечки (удерживаемого в пласте) к объему накопленного закачанного CO_2.

CCUS 项目生命周期(CCUS project life cycle) CCUS 项目从概念设计到项目完成后的整个过程。CCUS 项目生命周期通常包括概念研究、预可行性研究、可行性研究、工程设计、工程建设、运行维护、关闭、关闭后阶段。

Жизненный цикл проекта CCUS. Весь процесс проекта CCUS от концептуального проектирования до завершения. Жизненный цикл проекта CCUS обычно включает концептуальные исследования, предварительные технико-экономические обоснования, инженерное проектирование, инженерное строительство, эксплуатацию и техническое обслуживание, стадии закрытия и после закрытия.

全生命周期评价（life cycle assessment）在整个生命周期中,对 CCUS 项目或其中某个环节的技术、经济、安全、环保等方面进行的汇编和评估。

二氧化碳净减排量（net carbon dioxide emission reduction） CCS/CCUS 项目注入的 CO_2 量扣除采出、泄漏、全流程新增碳排放量的差值。

二氧化碳泄漏（CO_2 leakage） 二氧化碳从封闭体内的意外逃逸。封闭体既可以是地面封闭体(例如压缩机、管道、罐车、轮船、火车),也可以是地下封闭体(例如储层、洞穴)。

封存适宜性（storage suitability） 实施二氧化碳地质封存的地质体或地下空间储集条件、地质安全性条件及地下地面工程条件和社会经济条件等。

源汇匹配（source-sink matching） 二氧化碳排放源与封存场地之间的空间优化对接。依据二氧化碳排放源、运输场地和封存场地的条件对排放源与封存场地进行匹配,基于一定的准则,对距离、风险、整体经济性、能耗等进行优化,形成排放源与封存场地之间的最优对应关系。

Оценка жизненного цикла. Сбор и оценка технических, экономических, безопасных, экологических и других аспектов проекта CCUS или определенного звена целого жизненного цикла.

Чистый объем сокращения выбросов CO_2. Разница между объемом CO_2, закачанного в рамках проекта CCS/CCUS и дополнительным объемом выброса CO_2 в процессе добычи, утечек целого процесса.

Утечка CO_2. Случайная утечка CO_2 из замкнутых тел. Замкнутыми телами могут быть надземные (например, компрессоры, трубопроводы, автоцистерны, корабли, поезда) или подземные (например, коллектор, каверна).

Пригодность для хранения. Условия хранения геологических тел или подземного пространства. Условия геологической безопасности, условия подземных инфраструктур и социально-экономические условия для осуществления хранения CO_2 в геологических целях.

Совместимость источника выброса и места хранения. Оптимизация пространства источников выбросов CO_2 и мест хранения. Согласуются источник выбросов и место хранения в соответствии с условиями источников выбросов, места транспортировки и места хранения CO_2, а также оптимизируются расстояние, риск, экономичность, потребление энергии и т. д. на основе определенных критериев, образуя оптимальную совместимость источников выбросов и мест хранения.

封存场地(storage site) 封存地质体或地下空间及用于开发二氧化碳注入设施并进行封存活动(包括监测)的地面区域。

地质封存容量(geological storage capacity) 一定范围内的地层或地下空间能够容纳二氧化碳的量,用以表示地下储层或空间封存二氧化碳的能力。

CO_2 埋存监测(CO_2 storage monitoring) 通过连续或反复检查、监督、观察、测量,确定系统状态,以识别与预期性能水平的差异。地质封存方面,监测对象不仅包括基础设施,还包括地表和地下封存场地及审查区域的环境。

CO_2 埋存量核查(CO_2 storage verification) 通过监测确认并提供符合指定条件的关于 CO_2 埋存量的客观证据。在清洁发展机制(Clean Development Mechanism, CDM)背景下,由指定的业务实体对监测的人为减排进行独立审查。

Место хранения. Геологическое тело или подземное пространство для хранения. Наземная площадка, предназначенная для строительства установки закачки CO_2 и хранения (включая мониторинг).

Вместимость хранения в геологических целях. Объем CO_2, который может быть вмещен в пластах или подземном пространстве определенного размера, предназначенный для определения способности хранения CO_2 коллекторов или подземных пространств.

Мониторинг хранения CO_2. Выявление отличий от ожидаемых показателей в результате определения состояния системы путем непрерывной или повторяющейся проверки, надзора, наблюдения, и измерения. Касательно хранения в геологических целях к объектам мониторинга относится не только инфраструктура, но и окружающая среда наземных и подземных хранилищ, и рассматриваемых территорий.

Проверка объема хранения CO_2. Объективное свидетельство о хранении CO_2, подтвержденное соответствующее заданным условиям посредством мониторинга. Независимое рассмотрение искусственных сокращений выбросов осуществляется назначенными хозяйствующими субъектами на фоне механизма чистого развития (Clean Development Mechanism, CDM).

CCUS 环境影响（CCUS environmental impact） 全部或部分由 CCUS 项目活动导致的对环境有害或有益的变化情况。

Воздействие CCUS на окружающую среду. Изменения, вредные или полезные для окружающей среды, полностью или частично вызванные деятельностью в рамках проекта CCUS.

烃类气驱

Вытеснение углеводородным газом

天然气驱（natural gas flooding） 以天然气作为驱油介质的采油方法。

Вытеснение природным газом. Метод добычи нефти с применением природного газа в качестве вытесняющего агента.

天然气循环注入（cyclic injection of natural gas） 天然气驱采出气经处理后满足回注条件,重新注入油气藏的循环注入方式。

Циклическая закачка природного газа. Способ повторной закачки природного газа в нефтяные и газовые пласты после обработки добытого природного газа в соответствии с условиями для повторной закачки.

天然气吞吐（natural gas huff and puff） 将一定量的天然气注入生产井,关井与井筒周围原油作用一段时间,再开井生产的增产措施。

Циклическая обработка скважины природным газом. Мероприятия по повышению добычи путем закачки определенного объема природного газа в эксплуатационную скважину, закрытия скважины для взаимодействия природного газа с сырой нефтью вблизи ствола скважины в течение определенного периода и последующего ввода скважины в эксплуатацию.

天然气驱油与地下储气库协同建设（integration construction of oil reservoir underground gas storage and gas flooding） 向油藏中注入天然气驱替采出原油,并逐步形成人工气顶,协同建设地下储气库的过程。

Интеграция процессов строительства подземного хранилища газа и вытеснения нефти закачкой природным газом. Процесс закачки природного газа в залежь для вытеснения нефти и постепенное формирование искусственной газовой шапки, таким образом осуществляется синергия процессов хранения и закачки природного газа.

天然气（natural gas） 赋存于地下岩层中以气态烃为主的可燃气体和非烃气体的混合物。

Природный газ. Смесь горючих и неуглеводородных газов с преобладанием газообразных углеводородов в подземных горных породах.

贫气（lean gas） 又称干气,通常指甲烷含量大于95%,含少量乙烷或含乙烷以上的烃类气体,在储层条件下呈气态,采到地面后仍为气态的烃类混合物。

Бедный газ. Также называется сухой газ, обычно относится к углеводородному газу с содержанием метана более 95%, незначительным количеством этана или выше. Представляется газообразным в пластовых условиях и остается газообразным после извлечения на поверхность.

富气（enriched gas） 又称湿气,含有较大量的乙烷、丙烷、丁烷和戊烷等的一种天然气。

Обогащенный газ. Природный газ, содержащий относительно большое количество этана, пропана, бутана и пентана, также называется сырой газ.

净气（sweet gas） 含硫在 $1g/m^3$ 以下的天然气,也称甜气。

Малосернистый газ. Природный газ с содержанием серы менее 1 г/м^3, также называется сладкий газ.

酸气（sour gas） 天然气中含有 H_2S、CO_2 的统称。

Кислый газ. Общее название природного газа, содержащего H_2S и CO_2.

凝析气（condensate gas） 在较深气藏所产出的气相中,除含大量甲烷外,尚含有大量戊烷以上轻质烃类的天然气。

Газовый конденсат. В газовой фазе, добываемой из более глубоких газовых пластов, помимо содержания большого количества метана, он также содержит большое количество природного газа с содержанием легких углеводородов выше пентана.

反凝析（retrograde condensate） 多组分体系在等温降压或等压升温过程中出现液体凝析的相态反转现象。

Ретроградная конденсация. Явление переключения фазового состояния, когда в процессе изотермической разгерметизации или изобарического нагрева многокомпонентной системы появляется конденсация жидкостей.

反转凝析气（retrograde condensate gas） 在具有相态反转现象的气藏中,从原始压力开始等温降压时,由气态逐渐变为气态减少,液态增多,直至液态达到最多,这一范围内的天然气称为反转凝析气。

Ретроградный газовый конденсат. В газовых залежах с явлением переключения фазового состояния, когда изотермическая разгерметизация начинается с исходного давления, наблюдается, что газовая фаза постепенно уменьшается, а жидкая фаза увеличивается до тех пор, пока жидкая фаза не достигнет максимума, такой природный газ называется ретроградный газовый конденсат.

中间分子量烃类（intermediate-molecular-weight hydrocarbons） 含碳数为 C_2—C_6 的烃类。这类烃分子是实现气体混相驱的重要组分,当原油中含 C_2—C_6 的组成愈高时,最小混相压力愈低。

Углеводороды с промежуточной молекулярной массой. Углеводороды с числом углерода от C_2 до C_6. Такие молекулы углеводородов являются важными компонентами для реализации газового смешивающегося вытеснения, чем выше содержание C_2 до C_6 в сырой нефти, тем ниже минимальное давление смешивания.

气样（gas sample） 采自管线、井口和井内各产层的天然气或原油溶解气样品的统称。

Проба газа. Общее название проб природного газа или растворенного газа в нефти, отобранных из трубопроводов, устья скважин и различных продуктивных пластов в скважинах.

干气驱（dry gas flooding） 向油藏内注入干气的驱油方法。

Вытеснение сухим газом. Способ вытеснения нефти путем закачки сухого газа в пласт.

富气驱（enriched gas flooding） 向油藏中注入富含乙烷、丙烷、丁烷的天然气,富气中的较重组分不断凝析到原油中,最终使注入气与原油混相的驱油方法。

Вытеснение обогащенным газом. Способ вытеснения нефти за счет закачки в залежь природного газа, богатого этаном, пропаном и бутаном. Суть заключается в том, что более тяжелые компоненты обогащенного газа непрерывно конденсируются в сырой нефти, и в конечном итоге, закачиваемый газ смешивается с сырой нефтью.

高压注天然气驱(high pressure gas flooding)

在高压下向油藏内注入天然气的驱油方法。天然气是以甲烷为主的烃类气体，只有在高压下才能与原油互溶混相,高压注天然气有时也难以达到与原油混相的最低混相压力,导致部分混相驱或非混相驱。驱油机理主要是原油降黏和膨胀。

Вытеснение природным газом под высоким давлением. Способ вытеснения нефти, при котором природный газ закачивается в пласт под высоким давлением. Природный газ представляет собой углеводородный газ, состоящий в основном из метана, и может смешиваться с сырой нефтью только под высоким давлением. Иногда даже закачка природного газа под высоким давлением не может обеспечивать достижение минимального давления смешивания с сырой нефтью, что приводит к частичному смешивающемуся вытеснению или несмешивающемуся вытеснению. Механизм вытеснения в основном заключается в снижении вязкости нефти и ее расширении.

烃类混相驱(hydrocarbon miscible fluid displacement)　向油藏注入能与原油混相的轻质烃类的驱油方法。

Смешивающееся вытеснение углеводородами. Способ вытеснения нефти за счет закачки легких углеводородов в залежь, которые могут смешиваться с сырой нефтью.

混相段塞驱(miscible slug flooding)　向油藏内注入一定孔隙体积的轻烃或溶剂,形成与原油混相的段塞后,再注入天然气或水非混相介质推动混相段塞的驱油方法。

Вытеснение смешивающимися оторочками. Способ вытеснения нефти путем закачки легких углеводородов или растворителей в определенный поровый объем залежи с образованием оторочки, смешивающейся с сырой нефтью, и последующей закачки несмешивающихся агентов, таких как природный газ или вода для продвижения смешивающейся оторочки.

天然气脱硫（natural gas sweetening） 除去天然气中硫组分的工艺技术。

水露点（water dew point） 在一定压力下，天然气中的水蒸气开始凝结出游离水的温度。

烃露点（hydrocarbon dew point） 在一定压力下，第一滴烃类液体析出时的平衡温度。

露点降（dew point depression） 天然气在脱水前后水露点的差值。

临界凝析温度（cricondentherm） 在多组分体系相图中，气液两相共存的最高温度。

临界凝析压力（cricondenbar） 在多组分体系相图中，气液两相共存的最高压力。

天然气拟临界温度（natural gas pseudo-critical temperature） 天然气各组分临界温度的摩尔分数加权值。

天然气拟临界压力（natural gas pseudo-critical pressure） 天然气各组分临界压力的摩尔分数加权值。

天然气密度（natural gas density） 在标准状况下，单位体积天然气的质量。

Обессеривание природного газа. Технология удаления серы из природного газа.

Точка росы воды. Температура, при которой водяной пар в природном газе начинает конденсироваться в свободную воду под определенным давлением.

Точка росы углеводородов. Равновесная температура, при которой первая капля жидкого углеводорода конденсируется под определенным давлением.

Депрессия точки росы. Разница точек росы воды до и после обезвоживания природного газа.

Критическая температура конденсации. Максимальная температура, при которой могут существовать жидкая и газовая фаза на фазовой диаграмме многокомпонентной системы.

Криконденбар. Максимальное давление, при котором могут существовать жидкая фаза и газовая фаза на фазовой диаграмме многокомпонентной системы.

Псевдокритическая температура природного газа. Взвешенное значение молярной доли критической температуры каждого компонента природного газа.

Псевдокритическое давление природного газа. Взвешенное значение молярной доли критического давления каждого компонента природного газа.

Плотность природного газа. Масса природного газа на единицу объема при стандартных условиях.

天然气相对密度（natural gas relative density）在标准状况下，天然气的密度与空气密度之比。

天然气的比容（natural gas specific volume）在标准状况下，天然气单位质量所占据的体积。

天然气偏差系数（natural gas deviation factor） 在相同的温度压力下，一定质量的真实气体的实际体积与用理想气体定律计算获得的气体体积的比值。

天然气比热容（specific heat of natural gas） 单位体积、单位质量或1mol的天然气温度升高（或降低）1℃时所需要（或放出）的热量，分为比定压热容及比定容热容，单位为 kJ/kg 或 kJ/m^3。

天然气热值（calorific value of natural gas） 一定体积或质量的燃气完全燃烧所放出的热量，单位为 kJ/kg 或 kJ/m^3。

天然气平衡常数（equilibrium constant of natural gas） 天然气中某组分在一定的压力和温度下，气液两相达到平衡时，该组分在气液两相中的分配比值。

Относительная плотность природного газа. Отношение плотности природного газа к плотности воздуха при стандартных условиях.

Удельный объем природного газа. Объем, занимаемый единицей массы природного газа при стандартных условиях.

Коэффициент отклонения природного газа. Отношение фактического объема газа определенной массы к объему газа, рассчитанному по закону для идеального газа при одинаковых температурах и давлениях.

Удельная теплоемкость природного газа. Тепло, требуемое (или выделяемое) на единицу объема, единицу массы или 1 моль природного газа при повышении (или понижении) температуры на 1℃, делится на удельную теплоемкость при постоянном давлении и удельную теплоемкость при постоянной производительности, единица измерения равна кДж/кг или кДж/м^3.

Теплотворная способность природного газа. Теплота, выделяемая при полном сгорании газа определенного объема или массы, в кДж/кг или кДж/м^3.

Константа равновесия природного газа. Отношение распределения определенного компонента природного газа в газожидкой фазах при определенном давлении и температуре, когда они достигают равновесия.

溶解气膨胀（solution gas expansion）　溶解在原油中的天然气,由于压力降低发生体积膨胀的现象。

溶解气水比（solution gas–water ratio）　在地层温度和压力条件下,单位体积地层水溶解的气量,即天然气在水中的溶解度。地层水溶解气水比的大小,将直接影响地层水的压缩性,在温度和含盐量一定时,水的压缩系数将随溶解气水比的增大而增加,单位为 m^3/m^3。

水气比（water–gas ratio, WGR）　产出水量与标准条件下的天然气产量的比值,单位为 $m^3/10^4m^3$。

凝析气油比（gas condensate ratio）　每生产 $1m^3$ 稳定的凝析油所伴生的天然气量,单位为 km^3（标）/m^3（凝析油）。

Расширение растворенного газа.　Явление объемного расширения природного газа, растворенного в пластовой нефти из-за снижения давления.

Растворимость природного газа в воде.　Количество растворенного газа в единичном объеме пластовой воды в условиях пластовой температуры и давления, то есть растворимость природного газа в воде. Величина растворенного газоводяного фактора пластовой воды непосредственно влияет на сжимаемость пластовой воды, когда температура и солесодержание определены, коэффициент сжимаемости воды увеличивается по мере увеличения растворенного газоводяного фактора, в $м^3/м^3$.

Водогазовый фактор.　Отношение объема добытой воды к объему добытого природного газа при стандартных условиях, в $м^3/10^4 \ м^3$.

Газоконденсатный фактор.　Количество попутно-добываемого природного газа при добыче одного кубометра стабильного конденсата, в $км^3$ (в нормальных условиях)/$м^3$ (конденсат).

空气驱、氮气驱与烟道气驱

Вытеснение воздухом, азотом и дымовыми газами

空气驱（air flooding）　以空气作为驱油介质的采油方法。

Вытеснение воздухом.　Способ добычи нефти с применением воздуха в качестве вытесняющего агента.

减氧空气驱(oxygen–reduced air flooding)
以含氧量低于 10% 的空气作为驱油介质
的采油方法。

Вытеснение воздухом с пониженным кислородным содержанием. Способ добычи нефти, с использованием воздуха с содержанием кислорода менее 10% в качестве вытесняющего агента.

氮气驱(nitrogen flooding) 以氮气作为
驱油介质的采油方法。

Вытеснение азотом. Способ добычи нефти с использованием азота в качестве вытесняющего агента.

烟道气驱(flue gas flooding) 以处理后的
烟道气作为驱油介质的采油方法。

Вытеснение дымовым газом. Способ добычи нефти с использованием обработанного дымового газа в качестве вытесняющего агента.

高温氧化空气驱(high temperature oxidation
air flooding, HTO–AF) 将空气注入油层
与原油混合,通过其自燃或人工点火,再
连续注入空气维持油层燃烧,利用燃烧产
生的热力加热前缘的原油并将其驱向生
产井的采油技术,也称火烧油层(ISC)。

Вытеснение высокотемпературным окисленным воздухом. Технология добычи нефти, суть которой заключается в том, что на основе нагрева сырой нефти, вытеснения ее в добывающую скважину в результате самовозгорания или искусственного воспламенения после закачки воздуха в нефтяной пласт для смешивания с сырой нефтью, и последующей непрерывной закачки воздуха для поддержания горения в нефтяном пласте. Способ также известен как внутрипластовое горение.

低温氧化空气驱(low temperature oxidation
air flooding, LTO–AF) 在适合的油藏温
度下,注入油层的空气与原油发生低温氧
化反应,但不能与油层中原油形成单相的
提高采收率方法。

Низкотемпературное окислительное вытеснение воздухом. Метод повышения нефтеотдачи, при котором закачиваемый в нефтяной пласт воздух вступает в низкотемпературную окислительную реакцию с сырой нефтью в условиях подходящей температуры залежи, но не может образовать одну фазу с сырой нефтью в пласте.

减氧空气(deoxygenated air) 经处理后含氧量低于 10% 的空气。

烟道气(flue gas) 煤等化石燃料燃烧时所产生的废气,含氮气约 88%、含 CO_2 约 12%,可用于驱油。

净烟气(treated gas) 将烟气中的二氧化碳捕集后排出的尾气。

自燃(autoignition) 当空气被注入油层后,在油层温度条件下会发生缓慢的氧化反应(低温氧化反应),反应放出的热量累积到一定程度发生的燃烧现象。

注空气低温氧化(low temperature oxidation,LTO) 在适合的油藏温度下,原油与空气中的氧气发生低温氧化反应,形成热效应,部分油藏温度能够升高到 200~350℃。

注空气高温氧化(high temperature oxidation,HTO) 一般地,注入空气的油藏反应温度超过 350℃之后,原油裂解生成的焦炭开始高温燃烧,放热速率升高,放热量明显增加的现象。高温氧化反应的剧烈程度与油品性质有关。

Воздух с низким кислородным содержанием. Обработанный воздух, кислородосодержание которого менее 10%.

Дымовой газ. Отходный газ, образующийся при сжигании угля и других ископаемых топлив, содержащий 88% азота и около 12% CO_2, может использоваться для вытеснения нефти.

Очищенный дымовой газ. Выхлопной газ, выбрасываемый после улавливания двуокиси углерода в дымовом газе.

Самовозгорание. Когда воздух нагнетается в нефтяной пласт и вступает в медленную реакцию окисления (реакция низкотемпературного окисления) при температуре нефтяного пласта, выделяемое от реакции тепло накапливается до определенной степени и происходит явление горения.

Низкотемпературное окисление с нагнетанием воздуха. При подходящей пластовой температуре происходит реакция низкотемпературного окисления сырой нефти и кислорода в воздухе с образованием теплового эффекта, при этом температура части залежей может повышаться до 200–350 ℃.

Высокотемпературное окисление с нагнетанием воздуха. Явление, когда температура реакции в залежи, куда закачивается воздух, выше 350 ℃, кокс, образующийся при крекинге сырой нефти, начинает гореть при высокой температуре, скорость выделения тепла увеличивается, и количество выделения тепла значительно возрастает. Интенсивность высокотемпературной реакции окисления зависит от свойства сырой нефти.

催化氧化反应（catalytic oxidation reaction）
通过催化剂加快空气与原油之间的氧化
反应。

Реакция каталитического окисления.
Ускорение реакции окисления между
воздухом и сырой нефтью с помощью
катализатора.

耗氧速率（oxygen consumption rate） 单
位体积原油在单位时间内消耗氧的量。

Скорость расходования кислорода.
Количество кислорода, израсходованного
сырой нефтью единичного объема на
единицу времени.

氧化产物（oxidation products） 在氧化还
原反应中的还原剂失去电子化合价升高
的产物。

Продукты окисления. Продукты с
повышенной валентностью, полученные
в результате потери электронов
восстановителя в окислительно-
восстановительной реакции.

顶部注氮气（top nitrogen gas injection）
一种在油藏构造顶部布置注氮气井的注
气方式。

Закачка азота в кровлю структуры залежи.
Способ закачки газа, путем размещения
нагнетательной скважины на кровле
структуры залежей для закачки азота.

重力稳定驱替（gravity stable displacement）
利用地层倾角和流体密度差产生的重力
分异现象，稳定流体界面，提高波及系数
的驱替方式。

Гравитационное стабильное вытеснение.
Способ вытеснения для стабили-
зации границы раздела флюидов и
повышения коэффициента охвата за
счет гравитационной дифференциации,
вызванной углом падения пластов и
разницей плотностей флюидов.

混气/充气（aerate） 借助高压冲刷和搅
拌作用向水中加入空气，水对空气各组分
（氮、氧、二氧化碳等）在一定温度、压力条
件下都有一定溶解度，通过机械搅拌能增
加气水接触面以促进气的溶解。

Аэрация. Воздух добавляется в воду
под действием промывки под высоким
давлением и перемешивания, поскольку
вода имеет определенную растворяющую
способность для каждого компонента
воздуха (азота, кислорода, углекислого
газа и т. д.) при определенных условиях
температуры и давления, и поверхность
контакта газа и воды может быть увеличена
механическим перемешиванием, что
способствует растворению газа.

混气水驱油法（water mixed gas flooding process）　在注入水中掺入气体（空气、烟道气或天然气），利用气阻效应以降低水沿大孔道或高渗层窜流，提高波及系数，改善驱油效果的驱油方法。

Метод вытеснения нефти закачкой газоводяной смеси.　Способ вытеснения нефти, при котором нагнетается газ (воздух, дымовой газ или природный газ) в закачиваемую воду, для ограничения прорыва потока по поровым каналам с большим диаметром или высокопроницаемым пластам на основе эффекта Жамена с целью повышения коэффициента охвата и улучшения эффекта вытеснения нефти.

泡沫驱

Пенное вытеснение

泡沫驱（foam flooding）　以泡沫作为驱油介质的采油方法。

空气泡沫驱（air foam flooding）　在空气驱过程中加入泡沫剂溶液，实现空气驱机理的同时，通过抑制气窜、调整注入剖面、提高驱替压差、扩大波及体积等作用提高采收率的方法。

Пенное вытеснение.　Способ добычи нефти с использованием пены в качестве вытесняющего агента.

Воздушно-пенное вытеснение.　Метод нефтеотдачи, при котором добавляется раствор пенообразователя в процессе воздушного вытеснения, чтобы кроме реализации механизма воздушного вытеснения одновременно увеличивать нефтеотдачу за счет ограничения прорыва газа, регулирования профиля приемистостей, увеличения перепада давления вытеснения и объема охвата.

减氧空气泡沫驱（oxygen–reduced air foam flooding） 在减氧空气驱过程中加入泡沫剂溶液，实现减氧空气驱机理的同时，通过抑制气窜、调整注入剖面、提高驱替压差、扩大波及体积等作用提高采收率的方法。

泡沫（foam） 由气、水、起泡剂等组成，在外力搅动下形成的以气体作为不连续相、液体作为连续相所组成的分散体系。其中，气体一般是二氧化碳、烃类气体、空气、减氧空气、氮气或烟道气等，液体一般采用水、植物胶或水基交联冻胶等。

泡沫液（foam solution） 泡沫剂与水按恰当比例混合后的混合溶液。

起泡剂（foaming agent） 能使液体或固体形成泡沫的物质，也称发泡剂。

泡沫稳定剂（foam stabilizer） 能有效提高泡沫稳定性的物质。

Низкокислородосодержащее воздушно-пенное вытеснение. Метод увеличения нефтеотдачи, при котором добавляется раствор пенообразователя в процессе низкокислородосодержащего воздушного вытеснения, чтобы кроме реализации механизма воздушного вытеснения одновременно увеличивать нефтеотдачу за счет ограничения прорыва газа, регулирования профиля приемистостей, увеличения перепада давления вытеснения и объема охвата.

Пена. Дисперсная система, состоящая из газа, воды, пенообразователя и т. д., образующаяся под внешней силой перемешивания с газом в качестве прерывистой фазы и жидкостью в качестве непрерывной фазы. Среди них газ обычно представляет собой углекислый газ, углеводородный газ, воздух, воздух с низким кислородосодержанием, азот или дымовой газ и т. д., а жидкость обычно представляет собой воду, растительные камеди или сшитый гель на водной основе.

Пенный раствор. Смешанный раствор, в котором пенообразователь и вода смешаны в определенной пропорции.

Пенообразователь. Вещество, которое может образовывать пену из жидкостей или твердых тел, также известное как пенообразующее средство.

Стабилизатор пены. Вещество, которое может эффективно улучшить стабильность пены.

发泡（foaming） 固体或液体中形成气泡的过程。

消泡（antifoam） 泡沫逐渐减少或消失的过程。

消泡剂（defoamer） 能消除泡沫的物质。

强化泡沫（enhanced foam） 在起泡剂溶液中加入聚合物稳泡的泡沫。可以进一步提高泡沫膜的强度和稳定性,提高泡沫的封堵调剖能力。

纳米颗粒泡沫（nano partical foam） 含有纳米颗粒稳泡剂的泡沫。

三相泡沫（three phase foam） 由气、固、液（水）相经发泡而形成的混合体系。

泡沫剂发泡能力（foamability of foamer） 泡沫剂形成泡沫的难易程度和生成泡沫量的多少。

发泡体积（foaming volume） 在一定条件下,起泡剂溶液形成泡沫的初始体积,单位为 mL。

泡沫稳定性（foam stability） 泡沫剂生成泡沫的持久性,常用泡沫的半衰期或泡沫寿命衡量泡沫的稳定性好坏。

泡沫衰变率（foam decay rate） 泡沫体系在量筒中静置一定时间后的纯泡沫体积与发泡体积的比值。

Пенообразование. Процесс образования пузырьков воздуха в твердых веществах или жидкостях.

Пеногашение. Процесс постепенного уменьшения или исчезновения пены.

Пеногаситель. Вещества, устраняющие пену.

Пена с высокой устойчивостью. Устойчивая пена, полученная путем добавления полимера в раствор пенообразователя; способствует дальнейшему повышению прочности и устойчивости пенных пленок и повышению способности изоляции и выравнивания профиля приемистости.

Пена с наночастицами. Пена, содержащая стабилизатор пены с наночастицами.

Трехфазная пена. Смесь из газовой, твердой и жидкой (водной) фаз, образованная путем пенообразования.

Вспениваемость пенообразователя. Степень сложности пенообразования пенообразователем и объем образованной пены.

Объем пенообразования. Начальный объем пены, образованной раствором пенообразователя при определенных условиях, в мл.

Стабильность пены. Продолжительность пенообразования, стабильность пены часто измеряется периодом полураспада или "жизни" пены.

Коэффициент разрушения пены. Отношение объема чистой пены к объему вспенивания после выдержки пенной системы в мерном цилиндре в течение определенного периода времени.

泡沫半衰期(foam half-life time) 生成的泡沫体积衰减一半所需要的时间。

Период полураспада пены. Время, необходимое для того, чтобы объем образовавшейся пены уменьшился наполовину.

泡沫析液半衰期(drainage half-life period of foam) 泡沫体系中的析液量占总液量一半时所用的时间。

Период полураспада при дренаже жидкости из пены. Время, необходимое для того, чтобы объем выделившейся жидкости из пенной системы занял половину общего объема раствора.

泡沫抗吸附性(foam adsorption tolerance) 在一定温度条件下,起泡剂溶液对石英砂(或目标区块油砂)吸附的耐受能力。

Устойчивость пены к адсорбции. Устойчивость раствора пенообразователя к адсорбции кварцевого песка (или нефтеносного песка целевого пласта) в условиях определенной температуры.

泡沫耐油性(foam oil tolerance) 在一定温度条件下,起泡剂溶液对目标区块原油的耐受能力。

Устойчивость пены к нефти. Устойчивость раствора пенообразователя к сырой нефти целевого пласта при условиях определенной температуры.

泡沫密度(foam density) 发泡剂溶液的质量与泡沫总体积的比值。

Плотность пены. Отношение массы раствора пенообразователя к общему объему пены.

泡沫排液(foam discharge) 泡沫的持液率降低,液膜厚度变薄的过程。

Дренаж пены. Процесс снижения коэффициента удерживания жидкости в пене и уменьшения толщины жидкой пленки пены.

气泡聚并(coalescence) 小气泡的表面能比大气泡的大,小气泡自发合并变为大气泡的过程。

Коалесценция пузырей. Поверхностная энергия маленьких пузырьков больше, чем у больших, и маленькие пузырьки спонтанно сливаются в большие.

泡沫寿命(foam life) 泡沫的组成部分(气泡、液膜)或一定体积的泡沫存在的时间,可以表征泡沫的稳定性。

Продолжительность существования пены. Продолжительность существования составов пены (пузырьки, жидкая пленка) или пена определенного объема, характеризующая стабильность пены.

泡沫膨胀系数(coefficient of foam expansion) 在一定条件下,形成的泡沫体系体积与发泡剂溶液体积的比值。

泡沫携液率(deliquifying efficiency of foam) 泡沫携带出液体质量与起泡剂溶液初始质量的比值。

泡沫质量(foam quality) 泡沫中气体体积占泡沫总体积的百分比。

泡沫特征值(gas-liquid ratio of foams) 泡沫体积与泡沫中所含发泡剂溶液体积之比,也称泡沫气液比。

薄膜分断(film breaking) 泡沫变形或再生机理,流动的气泡在分支点进入两个或多个通道,气泡的后液膜与前液膜在分支点相接,原气泡分断为两个小气泡。

缩颈分离(necking separation) 高速下产生泡沫的主要机理,气体前沿在喉道处膨胀进入孔隙,喉道处的液环截断气体,形成分离气泡,主要产生分散的气泡而使气体以不连续状态存在。

Коэффициент расширения пены. Отношение объема образовавшейся пенной системы к объему раствора пенообразователя при определенных условиях.

Коэффициент выноса жидкости пены. Отношение выносимой пеной массы жидкости к начальной массе раствора пенообразователя.

Качество пены. Процент объема газа в пене к общему объему пены.

Характеристическое значение пены. Отношение объема пены к объему раствора пенообразователя, содержащегося в пене, также называется соотношением потоков газ-жидкость пены.

Разрыв пленки. Механизм деформации или регенерации пены, протекающие пузырьки попадают в два или более каналов в точке разветвления, задняя пленка жидкости пузыря и передняя пленка жидкости соединяются в точке разветвления, а исходный пузырь делится на два маленьких пузырька.

Отделение пузырьков в поровых каналах. Основной механизм образования пены при высокой скорости фильтрации; газ на фронте расширяется в поровом пространстве и поступает в поры, а жидкостное кольцо в поровом канале отсекает газ с образованием отделительных пузырьков, из-за образованной дисперсной среды пузырьки газа существуют в прерывистом состоянии.

液膜滞后（liquid film hysteresis） 低速下产生泡沫的主要机理,气体前缘从不同方向进入孔隙,挤压孔隙中的液体形成液膜。

基础压差（elementary pressure difference）对泡沫剂进行动态评价实验时,水和非凝结气以实验设定的速度和气液比注入岩心,在其两端产生的压差。

工作压差（operating pressure difference）对泡沫剂进行动态评价实验时,采用基础压差实验设定的速度和气液比,将某一浓度的泡沫剂溶液和非凝结气注入岩心,岩心两端产生的压差。也称为封堵压差。

泡沫阻力因子（foam resistance factor） 相同气液注入速度下,注泡沫的封堵压差与未注泡沫的基础压差的比值。

泡沫残余阻力因子（foam residue resistance factor） 注入泡沫前后注水压差之比。

Гистерезис пленки жидкости. Основной механизм образования пены при низкой скорости фильтрации, фронт газа входит в поры с разных направлений, выдавливая жидкость в порах с образованием пленки.

Элементарная депрессия. Депрессия на двух торцах керна во время нагнетания воды и неконденсирующегося газа в керн со скоростью и газоводяным фактором, заданными экспериментом по динамической оценке пенообразователя.

Рабочая депрессия. Депрессия на двух торцах керна во время нагнетания в керн раствора пенообразователя определенной концентрации и неконденсирующегося газа со скоростью и соотношением газа и жидкости, заданными экспериментом по элементарной депрессии в процессе эксперимента по динамической оценке пенообразователя. Также известна как депрессия изоляции.

Коэффициент сопротивления пены. Отношение депрессии изоляции при нагнетании пены к элементарной депрессии без нагнетания пены при одинаковой скорости нагнетания газа и жидкости.

Коэффициент остаточного сопротивления пены. Отношение депрессии закачки воды до и после нагнетания пены.

泡沫流变性（foam rheology） 泡沫的剪切应力与剪切应变之间的关系。泡沫在剪切应力作用下的形变属于非牛顿型流体，为拟塑性，即在剪切应力达到某一临界值（屈服应力）以前，流动速度保持为零，泡沫只产生形变但不产生流动。在剪切应力超过屈服值以后，泡沫开始流动，随着剪切速率的增加黏度减小，即剪切变稀，可以由同轴圆筒式黏度计测量。

泡沫渗流（foam flow through porous medium）泡沫在多孔介质中的流动规律。泡沫在多孔介质内的流动属于非牛顿流型，而且由于是多分散体系，其流动规律完全不同于均相体系，气泡在多孔介质中的运移过程会发生变形、截断、分割、超越和聚并等种种现象。

Реология пены. Зависимость напряжения сдвига пены от деформации сдвига. Пена после деформации под действием напряжения сдвига относится к неньютоновской жидкости, является квазипластичной, то есть до достижения напряжения сдвига определенного критического значения (предела текучести) скорость течения равна нулю, а пена только деформируется, но не течет. После того, как напряжение сдвига превышает предел текучести, пена начинает течь, и вязкость уменьшается по мере увеличения скорости сдвига; разбавление при сдвиге и вязкость измеряются с помощью коаксиального (ротационного) цилиндрического вискозиметра.

Фильтрация пены. Закономерность течения пены в пористой среде. Течение пены в пористой среде относится к типу неньютоновского течения, а поскольку это дисперсная система, ее закономерность течения совершенно отлична от закономерности течения гомогенной системы; во время перемещения пузырьков воздуха в пористой среде происходят различные явления, такие как деформация, отсечение, разделение, опережение и коалесценция.

泡沫驱注入工艺（injection technology of foam flooding） 向油藏中注入泡沫的地面设备、井下管柱及工艺流程。主要设备包括：空气压缩机、制氮机、注入管柱、压力监测装置、单流阀、气体流量计、混配搅拌装置、储存罐、泵和控制装置等。

Технология закачки при пенном вытеснении. Понимается наземное оборудование, внутрискважинная компоновка и технологическая схема нагнетания пены в залежь. Основное оборудование включает воздушный компрессор, генератор азота, компоновку для закачки, устройство мониторинга давления, обратный клапан, расходомер газа, установку смешивания и перемешивания, резервуар для хранения, насос и устройство управления и т. д.

泡沫驱动态监测（performance observation of foam flooding） 在泡沫驱过程中检测注采井及油藏中流体各种参数的变化，如吸水剖面、产液剖面、注水指示曲线、注入压力、采出水全分析、产出液中起泡剂和稳泡剂含量、套管气组成等。

Мониторинг динамики разработки в режиме пенного заводнения. В процессе вытеснения нефти нагнетанием пены проводится мониторинг изменения различных параметров жидкости в нагнетательных, добывающих скважинах и залежи, например, профиль приемистости, профиль притока, индикаторная кривая закачки воды, давление закачки, полный анализ добытой воды, содержание пенообразователя и стабилизатора пены в добытой жидкости, состав газа в обсадной колонне и т.д.

气驱提高石油采收率装备与工具

Оборудование и инструменты для повышения коэффициента извлечения нефти в режиме газового вытеснения

二氧化碳注入压缩机（CO_2 compressor） 用于使二氧化碳气体增压并实现注入地层的装备。

Компрессор для нагнетания CO_2. Оборудование, используемое для повышения давления CO_2 и его нагнетания в пласт.

烃气注入压缩机(hydrocarbon gas compressor) 用于使烃气增压并实现注入的装备。

Компрессор для нагнетания углеводородного газа. Оборудование, используемое для повышения давления углеводородного газа и его нагнетания в пласт.

空气压缩机(air compressor) 将空气增压的设备,是注空气采油中的重要设备,最常用的空气压缩机是往复式压缩机。

Воздушный компрессор. Оборудование для повышения давления воздуха, представляет собой важное оборудование, используемое в процессе добычи нефти путем нагнетания воздуха. Наиболее часто используемым воздушным компрессором является поршневой компрессор.

制氮机(nitrogen generator) 以空气为原料,利用物理方法将其中的氧和氮分离而获得氮气的设备。制氮工艺分为深冷空分法、分子筛空分法和膜空分法三种。

Генератор азота. Оборудование, использующее воздух в качестве сырья для разделения кислорода и азота физическим методом с целью получения азота. Процесс производства азота делится на три типа, то есть криогенное разделение воздуха, разделение воздуха через слой молекулярных сит и мембранное разделение воздуха.

减氧增压一体化集成装置(integrated oxygen reduction device) 具有空气减氧、增压、注入等功能的一体化装置。由螺杆式空气压缩机、压缩空气干燥净化装置、变压吸附减氧装置、电驱橇装往复式压缩机、氮气缓冲罐和废润滑油罐组成。

Интегрированное устройство для снижения кислородосодержания и повышения давления. Интегрированное устройство с такими функциями, как снижение кислородосодержания в воздухе, повышение давления и нагнетание. Устройство состоит из винтового воздушного компрессора, устройства для осушки и очистки сжатого воздуха, устройства для уменьшения кислородосодержания адсорбцией при переменном давлении, блочного поршневого компрессора с электроприводом, буферной емкости для азота и емкости для хранения отработанного смазочного масла.

碳捕集系统(carbon capture system) 用于捕集二氧化碳的装备组合,主要由烟气预处理、吸收、再生、压缩、干燥和制冷液化等系统组成。

Система улавливания углекислого газа. Комбинация оборудований, используемых для улавливания углекислого газа, в основном состоящая из систем предварительной обработки дымовых газов, абсорбции, регенерации, сжатия, сушки, охлаждения и сжижения.

碳输送管道(CO_2 pipeline) 用于输送 CO_2 的管道。管道内 CO_2 的输送相态包括液态、气态和超临界态。

Трубопровод CO_2. Трубопровод, используемый для транспортировки CO_2. Фазовые состояния CO_2 в трубопроводе включают жидкое, газообразное и сверхкритическое состояния.

碳储罐(CO_2 storage tank) 用于存储液态 CO_2 的容器。一般为真空粉末绝热形式,可分立式和卧式两类。

Резервуар для хранения CO_2. Резервуар, используемый для хранения жидкого CO_2. Как правило, резервуар выполняется в вакуумной порошковой изоляции, может быть вертикальным и горизонтальным.

喂液泵(feed pump) 一种保证泵内 CO_2 为液态的增压与输送装置。

Питающий насос. Устройство повышения давления и траспортировки, обеспечивающее нахождение CO_2 в насосе в жидком состоянии.

二氧化碳循环利用系统(recycle gas injection system) 将 CO_2 驱产出气中的 CO_2 进行处理后重复利用,避免向大气中排放并达到提高采收率的效果,包括预处理、增压、脱水及注入等单元。

Система рециркуляции CO_2. Повторное использование отработанного CO_2, полученного в процессе вытеснения CO_2 для избежания выброса CO_2 в атмосферу и достижения цели увеличения нефтеотдачи; система включает блок предварительной обработки, повышение давления, обезвоживание, нагнетание и другие.

配气系统(gas allocation system) 气体经管线输送至配注间,再经计量、调节后送至注入井口而注入地层的系统。

Система газораспределения. Система, где газ транспортируется в распределительную станцию по трубопроводу, а затем поступает на устье скважины и нагнетается в пласт после измерения и регулировки подачи.

注气井口(gas injection wellhead) 用于注气的专用井口,具有耐高压、抗腐蚀、气密封、防喷防爆等功能。

Устье скважины для закачки газа. Специальное устье скважины для нагнетания газа с такими функциями, как устойчивость к высокому давлению, коррозионная стойкость, газовая герметизация, предотвращение выброса взрыва и другие.

二氧化碳偏心配注器(CO_2 downhole flow regulator) 借鉴偏心分层注水思路,利用气嘴实现对不同层位配注的装置。

Эксцентриковый распределитель CO_2. Устройство для распределения закачиваемого CO_2 по разным интервалам слоев пласта с помощью штуцеров, по аналогии компоновкой одновременно-раздельной закачки.

气密封封隔器(gas tight packer) 具有压缩胶筒、双向锚定、液压坐封等功能的封隔器,主要由液压坐封机构、密封机构、锚定机构、锁定机构、上提解封机构和抗阻机构组成。

Газогерметичный пакер. Пакер с такими функциями, как сжатие резинового цилиндра, двустороннее якорение, гидравлическая пакеровка и т. д., в основном состоит из оборудования гидравлической пакеровки, герметизации, якорения, блокировки, подъемной распакеровки, сопротивления.

气密封管柱(gas tight sealing string) 由油管挂、气密封油管、气密封封隔器、腐蚀测试筒等组成的高压气体注入管柱。

Газогерметичная компоновка. Компоновка для закачки газа под высоким давлением, состоящая из подвески насосно-компрессорной трубы, газогерметичной насосно-компрессорной трубы, газогерметичного пакера и цилиндра для испытания на коррозию.

连续油管（coiled tubing） 用低碳合金钢制作的管材,有很好的挠性,又称挠性油管,一卷连续油管长几千米。可以代替常规油管进行很多作业,连续油管作业设备具有带压作业、连续起下的特点,设备体积小,作业周期快,成本低。

连续油管注气系统（coiled tubing gas injection system） 采用缠绕式连续油管进行注气的系统。

单向阀/止回阀/逆止阀（check valve） 用于液压系统中防止油流反向流动,或者用于气动系统中防止压缩气体逆向流动的工具,包括直通式和直角式两种。

井下安全阀（subsurface safety valve） 一种装在油气井内,在生产设施发生火警、管线破裂、发生不可抗拒的灾害等危险情况时,能紧急关闭,防止井喷、保证油气井措施、生产安全的井下工具。海上作业中也称水下安全阀。

Гибкая насосно-компрессорная труба. Это труба из низкоуглеродистой легированной стали с хорошей гибкостью, длина одной катушки гибкой насосно-компрессорной трубы составляет несколько тысяч метров. Ее применяют для замены стандартной НКТ и осуществления многих операций; операционное оборудование с гибкими насосно-компрессорными трубами характеризуется работой под давлением и способностью непрерывного подъема и спуска, малым масштабом, коротким операционным циклом и низкой себестоимостью.

Система закачки газа с помощью гибкой насосно-компрессорной трубы. Система закачки газа с применением намотанной гибкой насосно-компрессорной трубы.

Обратный клапан. Арматура, используемая для предотвращения обратного потока масла в гидравлических системах, или для предотвращения обратного потока сжатого газа в пневматических системах, включая прямоточные и угловые исполнения.

Внутрискважинный предохранительный клапан. Установленная в нефтегазовых скважинах арматура, которая может экстренно закрываться в случае пожарной тревоги, разрыва трубопровода, непреодолимой катастрофы и других опасных ситуаций на производственных объектах для предотвращения выбросов, обеспечения безопасности мероприятий и производства работ в нефтяных и газовых скважинах. В морских операциях его также называют подводным предохранительным клапаном.

气锚（gas anchor） 安装在抽油泵入口处，在流体进泵前将其中部分气体分离出来，减少入泵气量，起到提高泵效的作用。

防气抽油泵（anti-gas producing pump） 在常规抽油泵的基础上，在某些部位增加特定装置，起到防止气锁、提高泵效作用的新型抽油泵。

便携式气体组分监测仪（portable gas composition monitor） 用于检测工业生产场景中有毒有害气体组分及含量的小型仪器，可根据要求安装相应的探头，达到多组分同时监测的目的，包括手持式、背包式等便携类型。

注气光纤监测系统（gas injection optical fiber monitoring system） 通过测量光纤中光波传播特性参数随环境工况的变化情况，以实现对温度、压力、流量等指标实时监测的测井系统。

Газовый якорь. Устройство, которое устанавливается на входе насоса для откачки нефти, для отделения части газа перед тем, как жидкость поступает в насос, для уменьшения объема газа, поступающего в насос, и повышения коэффициента полезного действия насоса.

Противогазовый насос для откачки нефти. Насос нового типа, выполненный на основе стандартного насоса путем добавления в некоторых частях специальных устройств для предотвращения образования воздушных пробок и повышения коэффициента полезного действия насоса.

Портативный монитор (детектор) составов газа. Прибор малого размера, используемый для определения состава и содержания токсичных и вредных газов в разных сценариях промышленного производства, который может быть оснащен соответствующими зондами для осуществления одновременного мониторинга нескольких компонентов, включая переносный, ранцевый и другие типы.

Система мониторинга с помощью оптического волокна для нагнетания газа. Система каротажа для мониторинга в режиме реального времени температуры, давления, расхода и других показателей путем измерения изменений параметров распространения световой волны в оптическом волокне в зависимости от условий окружающей среды.

在线氧含量监测系统(online oxygen content monitoring system) 采用电化学分析或氧顺磁分析原理实时监测产出气中氧气含量的装置,由防爆在线氧分析仪、取样及样品输出装置、样品预处理装置、标定装置等构成。

Онлайн-система мониторинга содержания кислорода. Устройство, действующее на основе принципа электрохимического анализа или кислородного парамагнитного анализа для мониторинга содержания кислорода в добытом газе в режиме реального времени, состоит из взрывозащищенного онлайн-анализатора кислорода, устройства для отбора проб и экспорта, устройства для предварительной обработки проб, калибровочного устройства и т.д.

泡沫发生器(foam generator) 一种将一定浓度起泡剂溶液制成泡沫的设备。

Пеногенератор. Устройство для образования пены из раствора пенообразователя с определенной концентрацией.

泡沫比例混合器(foam proportioner) 使泡沫液与水按一定比例混合的设备。

Пропорциональный смеситель пены. Устройство, которое смешивает пенный раствор и воду в соответствии с определенной пропорцией.

采出流体集输系统(produced fluid gathering and transportation system) 适应气驱特点的包括布站方式、集油和流体分离等工艺的产出流体地面处理系统。

Система сбора и транспортировки добытых флюидов. Наземная инфраструктурная система подготовки добытой жидкости, которая пригодна для газового вытеснения, включая размещение оборудований, сбор нефти, сепарацию флюидов и другие технологические схемы.

第四章 微生物驱提高石油采收率

Часть IV. Повышение коэффициента извлечения нефти методом микробиологического заводнения

微生物驱提高石油采收率通用词汇

Общепринятые термины в области повышения коэффициента извлечения нефти методом микробиологического заводнения

微生物驱提高石油采收率(microbial enhanced oil recovery, MEOR) 通过将筛选的微生物及其营养剂注入油藏,利用微生物在油藏中的繁衍、代谢、产物及其与油藏中液相和固相的相互作用,以及对原油 – 岩石 – 水界面的特殊作用,改变原油的某些物理化学性质,提高原油流动性,从而提高原油采收率的技术。

Микробиологическое заводнение для повышения коэффициента извлечения нефти. Технология повышения нефтеотдачи путем закачки в залежь подобранных микроорганизмов и их питательных веществ с целью изменения определенных физических и химических свойств границы раздела сырой нефти-породы–воды и пластовой нефти, а также улучшения подвижности пластовой нефти на основе размножения, метаболизма, метаболитов микроорганизмов и их взаимодействия с жидкой и твердой фазами в залежи.

菌种（bacterial seed） 经自然筛选或人工选育的用于生产或科研以获得大量菌体、代谢产物或转化某种物质的某一具体"种"微生物。

菌落（colony） 微生物细胞在固体培养基上生长繁殖后，以母细胞为中心的一堆肉眼可见、有一定形态构造等特征的子细胞集团。如果菌落是由一个单细胞繁殖形成，则它就是一个纯种细胞群或克隆。

菌株（strain） 由一个独立分离的单菌体细胞通过无性繁殖而成的群体及其一切后代。同一菌种的每一不同来源的纯培养物或纯分离物均可称为该菌种的一个菌株。

菌株分离（strain isolation） 从混杂的菌种样品中获得纯菌株的方法。一般可用平板划线法、平板表面涂布法、浇注平板稀释法、单细胞分离法等获得。

Бактериальный посев. Отобранный природой или искусственно выращенный микроорганизм, используемый для получения большого количества бактерий, метаболитов или преобразования определенного вещества.

Колония. После того, как микробные клетки растут и размножаются на твердой питательной среде, образуется группа дочерних клеток, видимых невооруженным глазом и обладающих определенными морфологическими и структурными характеристиками, материнская клетка которой расположена в центре. Если колония образуется путем одноклсточного размножения, то она рассматривается как чистая клеточная популяция или клон.

Штамм. Группа и все её потомки, образованные путем бесполого размножения отдельно взятой клетки монобактерии. Каждая чистая культура или изолята одного и того же бактериального посева из разных источников, или отдельный источник чистой культуры, или чистого изолята, может называться штаммом данного бактериального посева.

Изоляция штаммов. Метод получения чистых штаммов путем отделения из смешанных проб штаммов. Как правило, чистые штаммы можно получить методом штриховых пластин, поверхностным методом покрытия, методом разбавления разливной пластины, методом одноклетчатого отделения и т. д.

好氧菌（aerobe） 一类必须在有分子氧存在的条件下才能生长的微生物。它们以有机物（糖类、淀粉、纤维素、烃类和脂肪等）或无机物（NO_3^-，NH_4^+，Fe^{2+}，S，H_2 等）为底物，以分子氧作为底物脱氢所产生的 H^+ 和电子的最终受体，将底物彻底分解成 H_2O 和 CO_2 并释放出能量，供菌体生命活动所需。

厌氧菌（anaerobe） 一类必须在无分子氧条件下才能生长的微生物。一种是在绝对无氧条件下才能生存，遇氧就死亡的微生物，为专性厌氧微生物；另一种是氧的存在与否对它们均无影响，亦称耐氧菌。

兼性菌（facultative anaerobe） 既具有脱氢酶也具有氧化酶系统，在有氧和无氧条件下均能够生存的一类微生物。

菌种保藏（preservation of cultures） 通过适当方法让实验室和生产用的菌种、菌株长期存活，使之不死、不衰、不乱，保持原有生物学性状稳定不变的一类措施。

Аэроб. Виды микроорганизмов, которые нуждаются в молекулярном кислороде для развития. Такие микроорганизмы используют органические вещества (сахариды, крахмал, целлюлозу, углеводороды и жиры и т. д.) или неорганические вещества (NO_3^-, NH_4^+, Fe^{2+}, S, H_2 и т. д.) в качестве субстратов и используют молекулярный кислород в качестве конечного акцептора для H^+ и электронов от дегидрирования субстратов, полностью разлагают субстраты на H_2O и CO_2, и выделяют энергию для обеспечения жизнедеятельности бактерий.

Анаэроб. Вид микроорганизмов, которые растут только при условии отсутствия молекулярного кислорода. Микроорганизм, способный выживать только в абсолютно анаэробных условиях и погибающий при контакте с кислородом, представляет собой облигатный анаэробный микроорганизм; есть другой тип-аэротолерантный анаэроб, на который не действует ни присутствие, ни отсутствие кислорода.

Факультативный анаэроб. Вид микроорганизмов, которые имеют как дегидрогенозную, так и оксидозную системы и могут выживать как в аэробных, так и в анаэробных условиях.

Сохранение бактериального посева. Меры, позволяющие бактериальным посевам и штаммам, используемым в лаборатории и производстве, выживать в течение длительного времени, чтобы они не погибли, не распадались и сохранили стабильные начальные биологические характеристики.

培养基(culture media) 人工配制的供微生物生长、繁殖、代谢和合成产物的营养物质,也为微生物提供合适的生长环境条件。

生化需氧量(biological oxygen demand, BOD) 又称生化耗氧量或生物需氧量,是水中有机物含量的一个间接指标。一般指在 1L 污水或待测水样中所含的一部分易氧化的有机物,当微生物对其氧化、分解时,所消耗的水中溶解氧毫克数,单位为 mg/L。

微生物浓度(microbial concentration) 在液体培养基中,单位体积培养液所含单细胞菌体的数量或干重;在固体培养基中,单位质量干固料所含单细胞菌体的数量或干重。单位为个(或 g)/mL、个(或 g)/g。

Питательная среда. Искусственно приготовленные питательные вещества для роста, размножения, метаболизма и синтеза метаболитов микроорганизмов, а также для обеспечения умеренных условий для роста микроорганизмов.

Биохимическая потребность в кислороде. Также известна как биохимическое расходование кислорода или биологическая потребность в кислороде; представляет собой косвенный показатель содержания органических веществ в воде. Как правило, это относится к величине растворенного кислорода в потребленной воде, когда микроорганизмы окисляют и разлагают часть легко окисляемого органического вещества, содержащегося в 1 литре подтоварной воды или пробе воды, выражается в–мг/Л.

Концентрация микроорганизмов. В жидкой питательной среде–количество или сухая масса одноклеточных бактерий в питательной жидкости единичного объема; в твердой питательной среде–количество или сухая масса одноклеточных бактерий в сухой твердой среде единичной массы; выражается в штуках или граммах на мл: (штука/мл; г/мл) или штуках или граммах на грамм: (штука/г или г/г).

生长曲线(growth curve) 定量描述单批培养时在液体培养基中微生物群体生长规律的实验曲线。以细胞数目的对数值作纵坐标,培养时间为横坐标,就可画出一条由延滞期、指数期、稳定期和衰亡期4个阶段组成的曲线,就是微生物的典型生长曲线。

发酵(fermentation) 任何利用好氧或厌氧微生物生产有用代谢产物的方式。

发酵液(broth) 以液体培养基进行发酵后,含有微生物菌体和代谢产物的全部物质。

种子液(seed broth) 将休眠状态的保藏菌种接入试管斜面,活化后再经过摇瓶及种子罐逐级扩大培养的纯种培养物。又称种子。

Кривая роста микроба. Экспериментальная кривая, количественно описывающая закономерность роста микробной популяции в жидкой питательной среде при однократном культивировании. Принимая логарифмическое значение числа клеток в качестве ординаты и время культивирования в качестве абсцисса, можно построить кривую, состоящую из четырех стадий – стадия задерживания, экспоненциальная, стабильная и распада, которая представляет собой типичную кривую роста микроорганизмов.

Ферментация. Способ получения полезных метаболитов с использованием аэробных или анаэробных микроорганизмов.

Ферментационный бульон. Все вещества, содержащие микробы и метаболиты после ферментации в жидкой питательной среде.

Посевной бульон. Чистая культура, полученная путем помещения покоящегося консервированного бактериального посева в наклонную поверхность пробирки, а после активации поступенчатого размножения и культивирования, находящегося в встряхиваемых колбах или посевных банках. Также называется посев.

接种量（seed volume） 移入的种子液体积和接种后培养液体积的比值。接种量大小与菌种特性、生长繁殖速度、种子质量和发酵条件等有关。

Объем инокулята. Отношение объема перенесенного посевного бульона к объему питательной жидкости после инокуляции. Размер объема инокулята зависит от свойства, скорости роста и размножения бактериального посева, качества посева и условий ферментации бактерильного посева.

微生物基因工程（genetic engineering of microbe） 采用人工方法把来自不同生物体的遗传物质（DNA）分离出来，在体外进行剪切、合成和拼接，使之重新组合，再将重组后的 DNA 通过载体转入受体细胞进行无性繁殖，并使所需要的基因在受体细胞内表达，产生人类所需要的新产物或创建新的生物类型。又称基因（DNA）重组技术。

Генная инженерия микроорганизма. Также известна как технология рекомбинации генов (DNA). Генетический материал (DNA) из разных организмов отделяют искусственными методами, экзосоматически разрезают, синтезируют и соединяют для их рекомбинации, а затем рекомбинированную DNA переносят в клетки-рецепторы через носитель для бесполого размножения, и экспрессируют нужный ген в клетках-рецепторах, чтобы производить новые продукты, которые нужны людям, или создавать новые биотипы.

微生物育种（microbial seletim） 应用微生物遗传和变异理论，用人工方法造成变异，再经过筛选以得到人们所需的菌种的过程。又称菌种选育。目的是改良菌种特性，使其符合工业生产的要求。

Селекция микроорганизмов. Процесс искусственной мутации для получения требуемого бактериального посева после отбора на основе теории микробной наследственности и мутации. Также называется подбором бактериального посева. Цель заключается в модификации характеристик бактериального посева, чтобы он соответствовал требованиям промышленного производства.

微生物驱

微生物驱油(microbial flooding) 通过注入井向油藏注入经筛选的驱油功能菌和 / 或激活剂,利用驱油功能菌的生物活动或代谢产物(生物表面活性剂、生物多糖、有机酸、有机溶剂和生物气等)在油藏中与岩石、流体作用,改善流体渗流特征,提高原油产量和采收率。微生物驱油可分为内源微生物驱油和外源微生物驱油。

内源微生物驱油(indigenous microbial flooding) 通过向油藏注入适当激活剂,选择性地激活油藏中已有的驱油功能菌,实现微生物驱油。

外源微生物驱油(exogenous microbial flooding) 针对油藏条件筛选出驱油功能菌种(群),并按菌种(群)发酵工艺生产出菌液后注入油藏,实现微生物驱油。

Микробиологическое заводнение

Микробиологическое заводнение. Метод повышения добычи нефти и нефтеотдачи путем закачки подобранных нефтевытесняющих бактерий и/или активаторов в залежь через нагнетательную скважину. Суть заключается в том, что биологическая активность или метаболиты нефтевытесняющих бактерий (биоПАВ, биополисахариды, органические кислоты, органические растворители, биогаз и др.) взаимодействуют с горными породами и флюидами в залежи для улучшения характеристики фильтрации флюидов. Микробиологическое заводнение делится на эндогенное и экзогенное.

Эндогенное микробиологическое заводнение. Способ вытеснения нефти путем закачки подходящих активаторов в залежь и селективной активации уже существующих в залежи нефтевытесняющих бактерий.

Экзогенное микробиологическое заводнение. Способ вытеснения нефти путем подбора нефтевытесняющих бактерий (популяции) с учетом условий залежей и образования культуральной жидкости в соответствии с технологиями ферментации бактериального посева (популяции) и последующей закачки в залежь.

微生物吞吐(microbial huff and puff) 将微生物注入要处理的油井后关井发酵反应一定时间后再开井生产的增产措施,采油微生物可被返排出来。

Циклическая обработка скважины микробами. Метод увеличения добычи нефти путем закачки микробов в добывающую скважину, отключения скважины для осуществления ферментационной реакции на определенный период времени, и последующего ввода скважины в эксплуатацию. Нефтевытесняющие микробы могут быть извлечены обратно.

驱油功能菌(function microbe for microbial flooding) 能在油藏环境中生长、繁殖和代谢,且其生物活动或代谢产物具有提高原油采收率功能的微生物。

Нефтевытесняющая бактерия. Микроорганизм, который может расти, размножаться и метаболизироваться в условии залежи, и ее биологическая активность или метаболиты имеют функцию повышения нефтеотдачи.

内源微生物(inside microorganisms) 油田地层中已经存在的较为稳定的微生物群落。一般来讲,油田注水是内源微生物形成的主要原因。向油藏大量注入的地面水中含有微生物,这些微生物进入地层后,有极少数微生物能够适应地层环境条件而生存下来,形成了种类和数量相对稳定的内源微生物群落。

Эндогенные микроорганизмы. Относительно стабильные популяции микроорганизмов, которые уже существуют в залежи. Как правило, закачиваемая вода на промыслах является основной причиной образования эндогенных микроорганизмов. Поскольку в закачиваемой поверхностной воде в большом количестве содержатся микроорганизмы, после попадания в пласт только незначительного количества микроорганизмов они могут адаптироваться к условиям пласта и выживать, образуя эндогенные популяции с относительно стабильными видами и количеством.

外源微生物（outside microorganisms） 从自然界各种不同环境中分离出的能适应油藏地层环境的细菌。根据油藏条件筛选出对石油生产有应用价值的菌种，然后经驯化、培养，发酵生产出大量的菌液，通过油田矿场注入系统将菌液注入地层，这些细菌在地层中生长、繁殖并产生有益的代谢产物。

Экзогенные микроорганизмы. Бактерии, выделенные из различных природных сред, способные адаптироваться к условиям залежей. С учетом условий залежей проводится подбор полезных для добычи нефти бактериальных посевов, а затем путем окультуривания, культивирования и ферментации производится большое количество культуральной жидкости, которая закачивается в пласт через систему закачки на промысле, эти бактерии растут, размножаются в пластах и производят полезные метаболиты.

微生物群落（microbial community） 在一定生存环境中各种微生物种群相互松散结合的一种结构单位，并非杂乱堆积，而是有规律的结合。

Микробное сообщество. Относится к структурной единице, в которой различные микробные популяции свободно сочетаются друг с другом в определенной среде обитания; представляет собой не беспорядочное скопление, а закономерное сочетание.

烃氧化菌（hydrocarbon oxidizing bacteria，HOB） 一类能够利用烃类作为碳营养源和能源物质生长的微生物。

Углеводородоокисляющие бактерии. Представляют собой микроорганизмы, которые могут использовать углеводороды в качестве источника углерода и источников энергии для роста.

腐生菌（saprophytic bacteria） 在有氧条件下以各种碳水化合物作为底物生长，产生黏性物质的一类细菌。

Сапрофитные бактерии. Бактерии, которые растут на различных углеводах в качестве субстрата в аэробных условиях и производят липкие вещества.

反硝化菌(denitrifying bacteria) 能进行反硝化作用的细菌,有异养型和自养型两类。反硝化作用指在无游离氧条件下,利用硝酸盐代替分子氧,以作为呼吸链的最终氢受体,并把它还原成亚硝酸、一氧化氮、氧化二氮和分子氮的过程。

Денитрифицирующие бактерии. Бактерии, способные осуществлять денитрификацию, делится на гетеротрофную и автотрофную. Денитрификация понимается как процесс замены молекулярного кислорода нитратом в качестве конечного акцептора водорода в дыхательной цепи и восстановления его в азотистую кислоту, оксид азота, закись азота и молекулярный азот в условии отсутствия свободного кислорода.

硫酸盐还原菌(sulfate reduction bacteria) 一类在无氧条件下通过硫酸盐呼吸获得能量的细菌,最终还原产物是 H_2S。

Сульфатвосстанавливающие бактерии. Бактерии, которые получают энергию за счет сульфатного дыхания в анаэробных условиях с конечным продуктом восстановления H_2S.

产甲烷菌(methanogens) 一类必须生活在严格厌氧环境下并伴有甲烷产生的古生菌。必须与其他微生物类群一起完成有机物的分解产生甲烷。

Метанообразующие бактерии. Архимицеты, которые нуждаются в абсолютной анаэробной среде с образованием метана. Разложение органического вещества с образованием метана необходимо осуществлять совместно с другими популяциями микробов.

最大近似值法(most possible number, MPN) 将样品用无菌生理盐水进行稀释,取一定稀释度的稀释液接种于培养基中培养后,以统计学的方法求出样品所含微生物的数量。又称稀释法。

Метод наиболее вероятного числа (НВЧ). Образцы разбавляют стерильным физиологическим раствором, после прививки проб раствором разбавления с определенной степенью разбавления и культивирования в питательной среде рассчитывают количество микроорганизмов в образце статистическим методом. Также известно, как метод разбавления.

活菌计数法（colony forming units，CFU）将样品用无菌生理盐水进行系列稀释，取合适的稀释度（一般 3 个稀释度），以涂布法接种于平板，或以混菌法进行操作，经过一定时间的培养之后，直接统计平板上的菌落。该方法测定的是样品中所含的可培养的活微生物数量。

Метод подсчета колониеобразующих единиц. Образцы разбавляют стерильным физиологическим раствором, обычно по 3 степени разбавления, потом их прививают на пластине методом распространения или методом смешивания бактерий, после культивирования в течение определенного периода непосредственно подсчитывают колонии на пластине. Данный метод предназначен для измерения количества культивируемых жизнеспособных микроорганизмов в образце.

激活剂（activator）　在油藏中能促进驱油功能菌生长、代谢和繁殖的营养制剂。

Активатор. Питательный препарат, который может способствовать росту, метаболизму и размножению нефтевытесняющих бактерий в залежи.

碳营养源（carbon nutrition source）　能提供微生物营养所需的碳元素的物质，有简单的无机含碳化合物 CO_2、碳酸盐等，也有复杂的有机化合物糖、醇、有机酸、烃类等。含 C，H，O，N 的蛋白质及其水解产物往往也是良好碳营养来源，通常也是能源物质。

Источник углеродного питания. Вещества, обеспечивающие элементы углерода, необходимые для питания микробов, включая простые неорганические углеродсодержащие соединения, CO_2, карбонаты и т. д., а также сложные органические соединения, такие как сахар, спирты, органические кислоты, углеводороды и т. д. Белки с содержанием C, H, O, N и их гидролизаты часто являются хорошими источниками углеродного питания и энергетическими веществами.

氮营养源(nitrogen nutrition source) 用作合成细胞含氮物质的原料,一般不用作能源物质,只有少数自养细菌利用铵盐、亚硝酸盐既作为氮营养源,又作为能源。有简单的无机氮,如 NH_4^+、NO_3^-、NO_2、N_2 等,也有复杂的有机氮,如蛋白质及其水解产物等。

无机盐(inorganic salt) 微生物生长必不可少的一类营养物质,一般有磷酸盐、硫酸盐、氯化物及含有钠、钾、钙、镁、铁等金属元素的化合物。生理功能主要是作为酶活性中心的组成部分,维持生物大分子和细胞结构的稳定性,调解并维持细胞的渗透压平衡,控制细胞的氧化还原电位和作为某些微生物生长的能源物质等。

Источник азотного питания. Используется в качестве сырья для синтеза азотсодержащих веществ в клетках и, как правило, не используется в качестве энергетического вещества, лишь немногие автотрофные бактерии используют соли аммония и нитриты, как в качестве источников азотного питания, так и источников энергии. Существуют простые неорганические азоты, такие как NH_4^+, NO_3^-, NO_2, N_2 и т. д., и сложные органические азоты, такие как белки и их гидролизаты.

Неорганическая соль. Необходимые питательные вещества для роста микроорганизмов, как правило, представляют фосфаты, сульфаты, хлориды и соединения, содержащие натрий, калий, кальций, магний, железо и другие металлические элементы. Физиологические функции заключаются в поддержании стабильности биологических макромолекул и клеточных структур, и регулировании и поддержании баланса осмотического давления клеток, контроле окислительно-восстановительного потенциала клеток, как составляющая часть центра активности ферментов. Также служит энергетическим веществом для роста определенных микроорганизмов.

生长因子（growth factor）　一类对调节微生物正常代谢所必需,但不能用简单的碳、氮源自行合成的有机物。

Фактор роста. Вид органических веществ, которые необходимы для регулирования нормального метаболизма микроорганизмов, но не могут быть самостоятельно синтезированы простыми источниками углерода и азота.

代谢产物（metabolic product）　微生物繁衍过程中生成的产物。代谢产物可分为中间代谢产物、次级代谢产物和代谢终产物三大类。

Метаболиты. Продукты, образующиеся при размножении микроорганизмов. Метаболиты делятся на три класса: промежуточные, вторичные и конечные.

中间代谢产物（intermediate metabolic product）　微生物生长代谢过程中所产生的代谢产物,包括分解代谢中间产物和合成代谢中间产物两部分。

Промежуточные метаболиты. Метаболический продукт, образующийся в процессе роста и метаболизма микроорганизмов, включая промежуточные продукты катаболизма и анаболизма.

次级代谢产物（secondary metabolic product）　与微生物菌体生长繁殖无明显关系,是菌体在生长的稳定期合成的具有特定功能的产物。

Вторичные метаболиты. Продукты со специфическими функциями, не имеющие очевидной связи с ростом и размножением микробных бактерий, синтезируемые бактериями во время стабильной фазы роста.

代谢终产物（metabolic end product）　微生物代谢的最终产物,如生物酶制剂、蛋白质、核酸、细胞脂肪等。代谢终产物分胞外产物和胞内产物两大类。

Конечные метаболиты. Конечные продукты микробного метаболизма, такие как биологические ферментные препараты, белки, нуклеиновые кислоты, клеточные жиры и т. д. Конечные продукты метаболизма делятся на два класса: внеклеточные продукты и внутриклеточные продукты.

生物聚合物（biopolymer）　由生物体产生的天然聚合物。分为三大类: 多核苷酸、多肽和多糖。

Биополимер. Природные полимеры, производимые организмами, делятся на три класса: полинуклеотиды, полипептиды и полисахариды.

生物表面活性剂（biosurfactant） 利用酶或微生物通过生物催化和生物合成法得到的具有一定表面活性的代谢产物。它们在结构上与一般表面活性剂分子类似，即在分子中不仅有脂肪烃链构成的非极性憎水基，而且含有极性的亲水基，如磷酸根或多烃基基团，是集亲水基和憎水基结构于一身的两亲化合物，如糖脂、多糖脂、脂肽或中性类脂衍生物等。

Биологическое поверхностно-активное вещество. Относится к метаболитам с определенной поверхностной активностью, полученным биокатализом или биосинтезом ферментов и микробов. По структуре они аналогичны обычным молекулам поверхностно-активных веществ, то есть в молекуле присутствуют не только неполярные гидрофобные группы, состоящие из алифатических углеводородных цепей, но и полярные гидрофильные группы, такие как фосфорнокислый радикал или полигидрокарбоксильные группы, представляют собой амфипатические соединения, сочетающие гидрофильную и гидрофобную группы, такие как гликолипиды, полисахаридные липиды, липопептиды или нейтральные липоидные дериваты и т.д.

生物气（biogas） 一种天然形成的混合可燃气，主要成分为甲烷，另有少量 H_2、N_2、CO_2。形成的生化机制是：产甲烷菌在无氧条件下，利用 H_2 还原 CO_2 等碳源营养物以产生细胞物质、能量和代谢废物（甲烷）的过程。

Биогаз. Природная смесь горючих газов, основным компонентом которой является метан и незначительное содержание H_2, N_2, CO_2. Биохимический механизм образования биогаза заключается в том, что метанообразующие бактерии используют H_2 для восстановления питательных веществ из источника углерода, таких как CO_2 и другие, с целью производства клеточного материала, энергии и метаболических отходов (метана) в анаэробных условиях.

微生物降解（microbial degradation） 微生物把有机物质转化成相对小的分子或简单无机物的现象。

Микробная деградация. Явление, при котором микроорганизмы превращают органические вещества в относительно небольшие молекулы или простые неорганические вещества.

化学趋向性（chemotaxis） 简称趋化性，是细菌对营养物浓度梯度所产生的反应，使细菌趋向营养源并聚集于高浓度区。

Хемотаксис. Представляет собой реакцию бактерий на градиенты концентрации питательных веществ, заставляющую бактерии стремиться к источникам питательных веществ и собираться в местах с высокой концентрацией.

局部富集（local accumulation） 微生物以原油为碳营养源，并在原油富集区表面富集，由于"在位繁殖"效应，其代谢产物大量富集，从而形成局部浓度优势。

Локальное обогащение. Используя пластовую нефть в качестве источника углеродного питания микробы обогащаются на поверхности участков, содержащих нефть, благодаря эффекту "позиционного размножения", их метаболиты значительно обогащаются, таким образом, формируется область локальной концентрации.

在位繁殖（positioned reproduce） 微生物细胞在接近原油的位置，开始进行分裂繁殖，形成较为密集的"菌团"的现象。

Позиционное размножение. Микробные клетки начинают расщепляться и размножаться на месте, близком к пластовой нефти, образуя относительно плотный "ценобий бактерий".

微生物驱数学模型（mathematical model for microbial enhanced oil recovery） 利用数学方法描述微生物驱油过程中涉及的重要驱油机理和物理化学现象，并建立能够描述整个驱油过程的数学模型（方程组）。

Математическая модель микробиологического заводнения. Модель (система уравнений), описывающая весь механизм вытеснения нефти и физико-химические явления в процессе микробиологического заводнения математическим методом.

微生物驱注入工艺（injection technology under microbial flooding） 按照工艺流程利用地面设备向油层中注入微生物和营养剂的过程。

微生物驱动态监测（performance observation under microbial flooding） 在微生物驱过程中检测注入井及油藏中流体各种参数的变化，如注入压力、微生物及营养物浓度等。

微生物选择性封堵（microbial selective plugging，MSP） 通过注入井将体积微小的细菌芽孢和营养液注入地层，在营养液的刺激下，芽孢发育成营养细胞，个体体积增大，对高渗透层起封堵作用。或者将能产生生物聚合物的细菌及营养液注入地层，生物聚合物和菌体在地层的岩石表面形成一层生物膜，有效地封堵大孔道，降低地层的渗透率，这种封堵使驱油物质从高渗区转向未波及区，提高波及体积。

Технология закачки при микробиологическом заводнении. Процесс закачки микроорганизмов и питательных веществ в нефтяные пласты с помощью наземного оборудования в соответствии с технологической схемой. Основное оборудование включает компрессор, устройство для смешивания и перемешивания, емкость для хранения, насос, прибор учета и устройство управления и т. д.

Динамичный мониторинг показателей разработки в режиме микробиологического заводнения. Мониторинг изменения различных параметров флюидов в нагнетательных скважинах и залежи, таких как давление нагнетания, концентрация микробов и питательных веществ в процессе микробиологического заводнения.

Селективная изоляция микробами. Суть заключается в том, что споры бактерии и питательный раствор закачиваются через нагнетательную скважину в пласт, при стимуляции питательных растворов споры превращаются в питающие клетки, а за счет увеличения объема клеток осуществляется изоляция высокопроницаемых пластов. Или закачиваются в пласт бактерии и питательные вещества, которые могут образовать биополимеры, а биополимеры и бактерии образуют биомембрану на поверхности породы пласта. Это позволяет эффективно изолировать крупные поровые каналы и снижает проницаемость пласта, что ведет к перемещению вытесняющих агентов из высокопроницаемой зоны в неохваченную зону, таким образом повышается объем охвата пласта.

微生物清防蜡(microbial wax removal and prevention) 利用微生物菌体在金属和黏土矿物表面生长所形成的一层保护膜，起到屏蔽晶核、阻止结晶的作用；微生物还可以对蜡质进行降解代谢，产生的表面活性剂和蜡晶相互作用，改变蜡晶状态，阻止其进一步生长，从而有效防止蜡质沉积。

Микробиологическая очистка и предотвращение отложения парафина. Защитная пленка, образующаяся в результате роста микробных бактерий на поверхности металлов и глинистых минералов, играет роль экранирования зародышей кристаллов и предотвращения кристаллизации; микроорганизмы также могут деградировать и метаболизировать парафин, а образующееся поверхностно-активное вещество взаимодействует с кристаллами парафина, изменяя состояние кристаллов парафина и предотвращая их дальнейший рост, тем самым эффективно предотвращая парафиноотложение.

参 考 文 献

[1]《油田开发与开采分册》编写组.英汉石油大辞典-油田开发与开采分册[M].北京:石油工业出版社,
1995:1-345.

[2]《英汉石油图解百科词典》编委会.英汉石油图解百科词典[M].北京:石油工业出版社,2013:1-614.

[3]刘宝和.中国石油勘探开发百科全书:开发卷[M].北京:石油工业出版社,2009:1-815.

[4]GB/T 8423.1—2018,石油天然气工业术语 第1部分:勘探开发[S].北京:中国标准出版社,2018.

[5]GB/T 8423.2—2018,石油天然气工业术语 第2部分:工程技术[S].北京:中国标准出版社,2018.

[6]GB/T 8423.3—2018,石油天然气工业术语 第3部分:油气地面工程[S].北京:中国标准出版社,2018.

[7]GB/T 8423.5—2017,石油天然气工业术语 第5部分:设备与材料[S].北京:中国标准出版社,2017.

[8]SY/T 6174—2012,油气藏工程常用词汇[S].北京:国家能源局,2012.

[9]SY/T 5745—2008,采油采气工程词汇[S].北京:国家发展和改革委员会,2008.

[10]SY/T 6998—2014,油砂矿地质勘查与油砂油储量计算规范[S].北京:中国石油天然气集团公司,
2014.

[11]SY/T 6311—2012,注蒸汽采油高温高压三维比例物理模拟实验技术要求[S].北京:国家能源局,
2012.

[12]SY/T 5729—2012,稠油热采井固井作业规程[S].北京:国家能源局,2012.

[13]SY/T 6130—2018,注蒸汽井参数测试及吸汽剖面解释方法[S].北京:国家能源局,2018.

[14]SY/T 5510.11—2021,油田化学常用术语[S].北京:国家能源局,2021.

[15]SY/T 6898—2012,火烧油层基础参数测定方法[S].北京:国家能源局,2012.

[16]SY/T 6576.12—2016,用于提高石油采收率的聚合物评价方法[S].北京:国家能源局,2016.

[17]SY/T 6485.11—2017,聚合物驱采油工程方案设计编写规范[S].北京:国家能源局,2017.

[18]SY/T 7609.10—2020,砂岩油藏化学复合驱开发方案设计技术规范[S].北京:国家能源局,2020.

[19]SY/T 5590.7—2004,调剖剂性能评价方法[S].北京:国家发展和改革委员会,2004.

[20]SY/T 7440—2019,CO_2驱油田注入及采出系统设计规范[S].北京:国家能源局,2019.

[21]T/CSES 41—2021,二氧化碳捕集利用与封存术语[S].北京:中国环境科学学会,2021.

[22]SY/T 6487—2018,液态二氧化碳吞吐推荐作法[S].北京:国家能源局,2018.

[23]SY/T 7454—2019,砂岩油田二氧化碳驱油藏工程方案编制技术规范[S].北京:国家能源局,2019.

[24]SY/T 0049—2006,油田地面工程建设规划设计规范[S].北京:国家发展和改革委员会,2006.

[25]SY/T 6955—2013,注蒸汽泡沫提高石油采收率室内评价方法[S].北京:国家能源局,2013.

[26]SY/T 6888—2012,微生物驱油技术规范[S].北京:国家能源局,2012.

[27]廖广志,等.注空气开发理论与技术[M].北京:石油工业出版社,2020.

[28]勘探与生产分公司.中国石油CCUS技术丛书[M].北京:石油工业出版社,2023.

[29]王高峰,祝孝华,潘若生.CCUS-EOR实用技术[M].北京:石油工业出版社,2022.

[30]王高峰.碳捕集利用与封存案例分析与产业发展建议[M].北京:化学工业出版社,2020.

[31]国家能源局.微生物驱油技术规范:SY/T6888—2012[S].北京:国家能源局,2012.

[32]陈声明,林海萍,张立钦.微生物生态学导论[M].北京:高等教育出版社,2007.

[33]沈萍,陈向东.微生物学[M].北京:高等教育出版社,2016.

中文条目索引

Q

R

Алфавитный указатель на русском языке

Т

X

Ц

Ш

Э